清代河務檔案

QINGDAI HEWU DANG'AN

《清代河務檔案》編寫組 編

5

廣西師范大學出版社
GUANGXI NORMAL UNIVERSITY PRESS
·桂林·

第五册目録

河東河道總督奏摺底（三）

奏為秋分節屆黃水續長已消兩岸工程修守平
穩現仍督飭慎防務保安恬恭摺具陳仰祈
聖鑒事竊照節交白露黃河水勢工程情形臣於七
月二十二日具
奏後旋據陝州呈報萬錦灘黃河於七月二十八

日酉時長水二尺八寸黃沁廳呈報武陟沁河
亦於七月二十八日自卯至亥長水二尺二寸
雖來源尚不為旺惟同時下注溜勢較為湍激
且秋濤迅利搜淘根底各廳新舊埽段廂修本
未停手經此次長水激射又多形蟄而上南廳
鄭下汛十堡十一堡並十三四堡全溜側注上

提下坐趨刷不移以致塌垻滙堤中河廳中牟
下汛河勢下卸十三堡迎溜喫重均屬險要臣
督飭署開歸道王憲及各廳營分投搶辦料物
不敷札令將前此批准之磚石料垛趕購接濟
並酌給夫工錢文轉運他工磚石應用以免另
再請添而期得省且省所辦之工或拋磚石垻

挑禦或廂護埽捍衛現已漸臻平定除尋常加
廂埽段不任再行報案外其實因舊埽滙塌必
須補廂及堤身着溜亟應廂護者不能不准其
辦理如上南河廳鄭州下汛十堡戧埧埽工四
段順頭埧埽工三段順二埧埽工三段俱係咸
豐八年緩修底料朽腐溜注淘刷各該埽先後

塌盡照段補還新埽十段中河廳中牟下汛十
三堡工頭因河溜南卧存灘漄盡潰及堤唇搶
廂順堤埽工十三段抵禦秋漲均屬得力此外
各廳亦有蟄廂之埽俱飭先儘存工之料動用
不准藉詞另請添辦以歸撙節至各該廳先後
所抛磚石垻架非實在緊要者已概令停抛現

在由道揆工確量丈尺核計用過磚石數目俟
具稟到齊另容彙
奏日來長水雖已見消而汛期尚有一月臣仍當
督飭各道廳勤慎巡查周密防護務保安恬以
期仰慰
宸廑為此恭摺具陳伏乞

皇上聖鑒謹

奏

咸豐十年八月初九日具

奏於九月初八日奉到

硃批知道了欽此

再河工京員向係二年揀發一次到工後學習
二年期滿或留工以同知用或以道府用其與
河務不甚相宜者仍准回京供職咸豐八年分
因指省分發人員擁擠留工京員序補甚難河
干候補日食所需並往來當差車馬喂養均須
自備籌辦費力累況日增竟有支持不下之勢

經前河臣李　會同江南河臣庚　奏請暫停
揀發仰蒙
硃批吏部議奏欽此旋准部議以河工學習京員係
為慎重河防期於得人起見未便輕議更張轉
失遴選賢員之意所有該河督等奏請暫停揀
發之處應毋庸議等因在案伏查河工兼用正

遴人員原與修防有裨每次揀發者俱係内閣
翰詹六部之人留工後必須早日補缺方能展
其清慎勤敏之才及時自效若補缺無期轉阻
登進之階現在河工情形又與上兩年不同南
河廳官業經全裁東河蘭儀以下乾河各廳已
於前摺奏請會同各州縣辦理丈量灘地開墾

升科之事無河務可以學習僅有黃河上游有
河七廳運河五廳需次之員先已不少尚有捐
班之同知通判陸續而來者在捐班人員經費
攸關未便停止且係情愿來工聽其自累若揀
發京員一經留工其同知一班序補已難如候
補知府則指補東昌懷慶二府河工之缺屢為

雖河工每年尚有

部選之員所佔至沿河道缺由内
簡放者居多即有外出之缺地方應補之軍功記名
道豫東兩省現均不少何能序及河工候補道
員每年雖有防河防汛差使未能遍及並因經
費萬分支絀籌及薪水甚微且須搭發寶鈔不
能資其養贍以致莫不窮苦竟有衣履不周逐

目擊情形
實屬狼狽

8

日
斷炊之人臣目擊情形不得不據實籲懇仰
因思揀發河工京員均係正途其才品可用不難及時
自茲甚為可惜其衣食無資以致[illegible]因大為可憐
乞
天恩俯念東河候補人[illegible]來年正月多暫停揀發河工京員俟各
班疏通再行
奏請照舊辦理為此附片陳請伏祈
聖鑒訓示謹

奏

咸豐十年八月初九日附

奏於九月初八日奉到

硃批著照所請行吏部知道欽此

奏為查明六月分各湖存水尺寸謹繕清単恭摺
仰祈
聖鑒事竊照嘉慶十九年六月内欽奉
上諭湖水所收尺寸每月查開清単具奏一次等因欽
此所有五月分湖水尺寸業經臣繕単

奏報在案茲據運河道敬和將六月分各湖存水
尺寸開摺具稟前來臣查微山湖定誌收水在
一丈四尺以內因豐工漫水灌注量驗湖底積
受新淤恐不敷濟運經前河臣李　會同前山
東撫臣崇　奏奉
上諭加收一尺以誌樁存水一丈五尺為度本年五

月分存水一丈一尺一寸六月内長水一尺八寸實存水一丈二尺九寸較上年六月水大三尺四寸此外昭陽等七湖長水自六寸八分至四尺四寸計昭陽湖存水五尺一寸南陽湖存水三尺九寸南旺湖存水七尺四寸獨山湖存水六尺六寸馬塲湖存水七尺一寸蜀山湖存

水九尺七寸馬踏湖存水四尺八寸一分以上
各湖存水均比上年六月水大自一尺三寸至
九尺一寸八分不等查東省瀕河一帶六月內
大雨疊沛一律霑足山泉坡水同時旺發滙注
河湖是以各湖收水較易七月內尚報續長北
路湖瀦俱已收符定誌即南路微山湖收存之

水亦較大於上年不獨宣濟船行可以裕如而
偷禦賊匪實屬有險可守臣仍當督飭道廳隨
時相機分別宣蓄力保隄埝務期湖水充盈工
程穩固不任稍有踈忽以仰副
聖主重瀦備民之至意所有六月分各湖存水尺寸
謹繕清单恭摺具

奏伏乞
皇上聖鑒謹
奏
咸豐十年八月初九日具
奏於九月初八日奉到
硃批知道了欽此

謹將咸豐十年六月分各湖存水實在尺寸逐
一開明恭呈
御覽
運河西岸自南而北四湖水深尺寸
一微山湖以誌樁水深一丈二尺為度先因湖
底淤墊三尺不敷濟運奏明收符定誌在一

丈四尺以內又因豐工漫水灌注量驗湖底
復受新淤二尺七寸奏奉
上諭加收一尺以誌樁存水一丈五尺為度本年五
月分存水一丈一尺一寸「六月內長水一尺
八寸寔存水一丈二尺九寸」較九年六月水
大三尺四寸

一昭陽湖本年五月分存水二尺六寸六月内
長水二尺五寸寔存水五尺一寸較九年六
月水大一尺三寸
一南陽湖本年五月分存水一尺二寸六月内
長水二尺七寸實存水三尺九寸較九年六
月水大二尺三寸

一南旺湖本年五月分存水三尺八寸五分六
月内長水三尺五寸五分寔存水七尺四寸
較九年六月水大六尺一寸五分
運河東岸自南而北四湖水深尺寸
一獨山湖本年五月分存水三尺五寸六月内
長水三尺一寸寔存水六尺六寸較九年六

月水大二尺六寸
一馬場湖本年五月分存水二尺七寸六月内
長水四尺四寸寔存水七尺一寸較九年六
月水大三尺五寸
一蜀山湖定誌收水一丈一尺為度本年五月
分存水六尺五寸六月内長水三尺二寸寔

存水九尺七寸較九年六月水大九尺一寸八分

一馬踏湖本年五月分存水四尺一寸三分六月內長水六寸八分寔存水四尺八寸一分較九年六月水大二尺六寸七分

奏為秋水盛漲已消兩岸工程廂拋防護平穩節
逾寒露預籌購辦來歲修防料物事宜恭摺具
奏仰祈
聖鑒事竊照秋分節屆長水修工情形臣 於八月初
九日陳

奏後自十一至十七日大雨連朝夜以繼日勢甚
廣遠臣即知黃河來源必有續長預飭各道廳
將兩岸工程會督營汛委員分投周密巡防小
心保護旋據陝州呈報萬錦灘黃河於八月十
七十九等日兩次共長水六尺五寸黃沁廳呈
報武陟沁河於八月十六日長水二尺八寸接

續下注兼之上游通黃各河雨水莫不添波助
流以致各廳積存長水大逾伏汛且秋濤迅利
其力較勁臨黃埽埧處處着重幸俱節次廂拋
高整足資抵禦間有刷蟄亟應跟加並灘崖滙
塌潰及堤坡必須摟護之處俱飭動用存工料
石撙節辦理不准另再請添以期得省且省現

在長水已報見消各工次第修護平穩惟上南
廳河勢現在側注鄭下汎十三四堡趋刷不移
各埧滙塌甚速必須赶拋磚石酌廂護埽揽禦
臣當督飭道廳節慎妥辦不任稍有疎虞至本
年伏秋汎內各廳拋辦磚石工程或因河溜側趨
注恐多添新埽滋費須拋埧抵禦或舊埧刷蟄

分別加拋接長戓磚垻前及埽前舊有碎石因
水勢洶深塌卸應行加拋臣隨時勘驗俱係必
不可緩之工於停拋後即飭該管開歸河北二道確
按廳確量丈尺核計動用方数具稟前來臣逐
加覈核無浮謹彚繕另片恭呈
御覽現距霜清僅有旬餘可保安瀾惟來歲修防料

物必須預為籌辦蓋河防關係至重稭麻為修守根本若不查照從前舊章於年内赶購如遲至來年春夏之間發辦不但價值倍昂致滋虛費且恐貽悞工需上冬經臣譚尚前撫臣瑛前藩司祥裕設法通融成總湊撥現銀得將歲料辦足隨時添購防料接濟俾大汛廂工無虞

短絀不致疊出奇險已有明驗現已循案另摺
奏請來歲辦料銀兩臣仍當函商撫臣慶　並與
藩司賈臻熟商務於年前籌款分次全撥由道
轉發各廳認真赶緊採購勒限辦齊不准藉詞
遲延庶工儲有備而重修防可恃以無虞至本
年統用銀數現督開歸河北二道核寔勾稽確

切刪减務較上年撙節另容繕具清单彙

奏所有節逾寒露秋漲已消工程廂抛平稳並預

籌購辦來歳料物緣由理合恭摺具奏伏乞

皇上聖鑒謹

奏

咸豐十年八月二十七日具

奏於九月二十八日准
兵部火票遞到奉
硃批覽奏俱悉欽此

奏為豫省中河廳辦過庚申年土工驗收如式謹
核準銀数恭摺具
奏仰祈
聖鑒事竊照黃河水性就灣溜趨靡定豫東兩岸計
長一千餘里何能處處廂埽抛石抵禦全賴長

堤鞏固為生民保障而土堤歷経風雨剝削汛
水淤墊易致卑薄是以從前每年霜降安瀾後
擇要估修次歲土工專案
奏請飭辦最為急務自咸豐三年粵匪竄擾豫境
以後司庫迫於軍餉未能另撥修辦土工之銀
道庫額存之欵節次湊墊搶險之需早已空虛

又無項籌墊以致在辦之工俱係估而未辦前數年經前
河臣李　附片奏明不必預先估計俟大汛期
內察看何處緊要即於何處幫築俟白露後再
將做過工段銀數分晰具
奏以昭核實而歸撙節歷經飭令道廳遵辦在案
迨臣上年到任週歷兩岸確切詳勘堤埝埧戧

因多年未修
卑矮殘缺處所不堪枚舉除下游乾河各廳可
以緩修外其上游有河七廳應修辦險要工段甚
多原擬俟本年春間察看司庫情形與撫臣藩
司熟商籌款擇其要中之要專案請修無如捻
匪不靖軍餉緊迫度支日絀未便普律估辦仍
附片

奏明俟伏秋大汛遇有必不可緩之工臨時搶築
并飭據開歸河北二道具禀各廳雖有亟應修
辦堤埧尚可暫緩惟中河廳中牟下汛十二三
堡經上秋兩次奇險堤頂間有塌存數尺及滙
塌無存之處雖北面廂護埽段南面必須補還
大堤帮築土戧用資後靠又於十三堡北面新

廂埽工下首添築戧堤四道以備桃禦俱難刻
緩當令核實撙節估計於道庫撥到司庫銀欵
内通融墊發赶辦工竣由道驗收報經 臣 親臨
覆驗尚皆如式丈尺數足錐試飽滿並無偷減草率情弊茲
據署開歸道王憲稟請具
奏前來計中河一廳補還大堤加幫南戧添築戧

垻共工十四段連填坑塘挼取土遠近每方給
例價銀二錢一分六厘其隔水遶遠選於倍極
艱難者每方津貼銀一錢三分四厘共用例價
銀七千五百六十四兩零津貼銀三千八百二
十七兩零統共例津二價銀一萬一千三百九
十餘兩委係照估儹辦完竣並無浮冒除由司

將墊辦土工方價撥還道庫湊發工需并飭道
趕造工段丈尺細数印冊呈候核繕清單外為
此恭摺具
奏伏乞
皇上聖鑒勅部存核施行謹
奏

咸豐十年八月二十七日具

奏於九月二十八日准

兵部火票遞到奉

硃批工部知道欽此

再本年豫省黄河上游兩岸各廳抛辦磚石工
段先経臣勘驗屬實茲據開歸河北二道量明
丈尺確核用過方数稟請具
奏前來查係上南河廳鄭州下汛十一堡戧埧前
抛築磚埧一道長三丈八尺中河廳中牟下汛
十堡順水二埧前磚埧一道加抛長六丈六尺

七寸黃沁廳唐郭汛攔黃埝磚八垻下首土垻
頭加拋磚垻一道長七丈衛粮廳封邱汛西圈
埝第七段下首順頭垻頭加拋磚垻一道長十
二丈四尺祥河廳祥符上汛十五堡人字垻下
首空檔加拋磚垻一道長十二丈六尺九寸下
北河廳祥符下汛頭堡挑水四垻上角加拋磚

梁一道牽長四丈八尺以上每道用磚自二百
五十餘方至六百六十餘方不等又上南河廳
鄭州下汛十一堡戧埧前磚埧外抛護碎石一
段十四堡來童寨挑埧上首抛護碎石一段中
河廳中牟下汛十堡順水三埧前磚埧外加抛
碎石一段下南河廳祥符上汛十七堡月埝北

面土垻基前第一道磚挑垻外加抛碎石一段
第五道磚挑垻外加抛碎石一段黄沁廳唐郭
汛攔黄埝三道土垻下首第四道靠垻磚垻頭
並西面加抛碎石一段衛粮廳封邱汛西圈埝
順二垻下首空檔土垻頭之磚垻頭並西面加抛
碎石一段祥河廳祥符上汛十五堡人字垻下

首挑埧六埽前加拋碎石一段下北河廳祥符
下汛頭堡挑水二埧頭並西面加拋碎石一段
又該堡斜埧頭並西面加拋碎石一段以上每
段用石自四百一十餘方至一千八百六十餘
方不等拋辦均屬合宜蓋護埽埧抵禦汛漲得
力除飭將丈尺銀数趕造細冊詳送另行核繕

清單彙
奏外合先附片陳明伏乞
聖鑒謹
奏
同日奉
硃批知道了欽此

奏為循照酌減數目請撥豫省司庫銀兩採辦來
年歲料以重工儲而資修守恭摺具
奏仰祈
聖鑒事案查工部議奏豫省黃河兩岸應需辦料銀
兩先於乾隆十年

題准每年撥發額征河銀三萬六千餘兩分給開
歸河北二道預辦歲料此後南北兩岸歲料銀
兩如出原題八萬五千餘兩之外應令該督等
據實
奏明撥發等因奉
旨依議欽此欽遵在案其山東兗沂道庫每年額征河

銀一萬五千兩為發辦料物之用嗣因逐年添
有新生工段需料較多河銀不敷支用循照豫
省之例
奏撥山東藩庫銀三萬兩歷年遵辦在案伏念河
防修守所以保堤衛民近年以黃河為天險藉
以攔禦捻匪不使北竄至為緊要然欲期工程

堅固必須料物充足庶有備可以無患是以額
辦歲儲亟應乘時預為採購查豫省南岸開歸
道屬七廳例請辦料銀七萬兩北岸河北道屬
五廳例請辦料銀三萬五千兩東省兗沂道屬
曹河曹單二廳例請辦料銀三萬兩現在下游
兩岸七廳工雖停辦而上游有河七廳埽壩林

立險工延長每年桃伏秋三汛廂修拋護倍形
繁重其磚石二項尚可隨時購運惟歲料稭麻
向於霜降後採辦以免來春料戶居奇抬價致
滋虛費新料早已登場應先撥銀赶購雖各廳
近多新生埽段用料較繁而現當錢粮萬緊何
敢寬請除兗沂道屬黃河工程停修毋庸請撥

辦料銀兩外臣與署開歸道王憲河北道張維
翰按工確核悉心籌酌並據具詳前來豫省上
游兩岸各廳應辦來年歲料稭麻除分撥荒缺
等項外循照歷屆酌減數目開歸道請撥銀四
萬兩河北道請撥銀二萬五千兩以資夫發其
不足之數仍照向辦章程催司將應發找撥不

敷之數分次撥還道庫陸續湊墊俾免貽悞至
現請之銀 臣 當移咨撫 臣 並行藩司按三銀七
鈔務於年內如數撥交各該道轉發各廳設廠
分投赶緊採購嚴飭堆垛堅實丈尺敷足勒限
辦齊先行由道驗收報候 臣 挨廳覆驗如有藉
詞遲延或辦不足數丈尺短少堆垛虛鬆等弊

立即指名嚴參着賠斷不敢稍事姑容以重工
儲而資修守所有循照酌減數目請撥採辦來
年歲料銀兩緣由謹會同河南撫臣慶　恭摺具
奏伏乞
皇上聖鑒謹
奏

咸豐十年八月二十七日具
奏於九月二十八日奉准
兵部火票遞到奉
硃批知道了欽此

汉

奏為沿河各州縣墊發練勇口粮擬令查明核給
獎敘以昭激勸而勵將來恭摺奏祈
聖鑒事案查咸豐六年七月内恭奉
上諭黄河天險溜急湍洄竄匪不能飛渡而港汊多
歧防範宜嚴蘭工口門以上河南地界若能擇要

先行團練藉民力以防河既可以省兵力較之撥
兵防守更為周密等因欽此當經前
欽差都察院左副都御史王履謙會同前河臣李
欽遵議奏飭令沿河兩岸之祥符陳留蘭儀中
年鄭州滎澤汜水鞏縣孟津封邱考城河內濟
源武陟孟縣温縣原武陽武等十八州縣雇募

壯勇或一二百名或二三百名視地方之繁簡
定人數之多寡無事則在附近城鄉由地方官
督飭訓練有警即赴河岸協同河標弁兵扼守
巡防嗣因河南軍需局經費支絀不能籌發口
糧復經前河臣李　将原調来豫防守河口之
河標弁兵

奏明裁撤以歸撙節始自是專恃各州縣練勇防河臣
於上年夏間到任接照督飭妥辦並以從前委
員太多互相推諉臣逐一核實查察分別去留
酌擬於南北兩岸委大員四人分司總巡官渡
六處每渡口派委員四人以專責成咸豐九年
五月二十七日奏奉

硃批依議欽此欽遵在案又因下南黑堤工為省垣
保障稽查倍関緊要即於各州縣原募練勇內
每處抽調數名湊成一百名長住河口巡防以
昭慎密本年春間皖捻竄擾豫疆蔓延多處切
近河口臣以河岸遼濶恐原派總巡四人為數
太少往來稽查未能周密致有疎虞隨與撫臣

慶廉會商
奏請添派河南候補道王榮第葉法總司兩岸防
務札飭會同開歸河北河陜三道將各該州縣
原募練勇每處挑選二十名攜帶鳥鎗刀矛於
兩岸各渡口築立營寨常川駐守巡查以壯聲
威而杜竄越茲據各該道會稟官渡六處小渡

八處營寨俱已築竣所調練勇亦屬精壯并由
縣添置擡牌抬鎗大砲旗幟更覺鮮明整齊除
仍隨時飭令認真辦理平日勤加操演有警客
布河干務收實效不任日久懈弛至練勇口糧
原議設法勸捐祇因捻匪不時竄擾民間各築
土圩自保身家且多轉徙之處勢不能再捐勇

粮均由各州縣籌墊給發歷時已數載之久加
以連年兵荒地方多形瘠苦而此項墊發勇粮
均不准其劃抵正項及歸入交代若不予以奬
叙匪[非]惟接任者不能觀感奮興即現任之員必
將久而生懈而防河益無所凴藉矣茲擬援照
各州縣墊發練勇口粮錢數核給官階或移奬

子姪親友以昭公允庶此後籌辦防河練勇之
人皆能踴躍從事以禦寇氛為此繕摺
奏請如蒙
俞允臣當飭令河南軍需局確查沿河州縣前後任
所墊勇粮數目核明應給議叙通詳臣與撫臣
會同覆核奏乞

恩施再查此係按捐墊勇粮錢數核給獎叙並非請
保人員其中如有率勇防堵異常出力並總辦
道府督飭有方使捻匪奸細不能竄越河路日
久肅清者當隨時擇尤存記彙入防河得力人員
案內請獎合併聲明伏祈
皇上聖鑒訓示祗遵謹

奏

咸豐十年八月二十七日具

奏於九月二十八日奉到

硃批均照所請行欽此

奏

奏為黃河上游各廳工程修守平穩節交霜降恭
報安瀾仰祈
聖鑒事竊照本年黃河來源節次長水尺寸及搶辦
各工情形俱經臣隨時具
奏在案伏念河防修守關係至重近年因捻匪不

靖黃河為京師藩籬天險可守尤為緊要每當

伏秋大汛水長工險全賴料物錢糧應手方能

廂修拋護以保無虞藩司庫非不願寬發接濟無如迫

於京協各餉以致欠撥河工之款較多且自改

七錢三銀以來制錢價過賤核計每領款一兩

折實現銀不足從前之半辦工益形竭蹶本年

搶辦各處險工同庫內度支艱難撥濟甚微時
時虞束手然亦斷不能聽其自然置之不辦貽
悮全局　臣均隨時鼓勵廳營曉以大義務於慎
重工程之中力求撙節并令各道廳多方挪措
湊墊幸紳商富戶俱知保提即所以衛民各有
身家并懇司庫不過因現時支絀無力接濟尚有欠撥積年款項可指不致無

着皆肯通挪應用不願者加以重利始克將險
要各工次第廂拋保護一律平穩現在上南廳
鄭州上汛頭堡胡家屯並下汛十三四堡及祥
河廳十四堡雖均尚在廂埽而大局可以放心節
交霜降河流順軌安瀾誌慶通工員弁兵夫莫
不同聲懽頌臣欣幸之餘倍深凜畏復念此皆

至誠感格
河神默佑即親詣下南廳工次
河神廟潔虔祀謝恭陳
聖敬以答
神麻查長水尚未全消且防守堤岸漫（被）口現更緊
要飭令各廳營照常駐工巡查雖交冬令不准

下隄臣不時往來督防明查暗訪稽察委員勤
惰分別去留以昭慎重至黃河用数経臣核實
稽查認真删減統較上年少用銀四萬餘兩往
後仍飭加意撙節以期逐漸減少惟本年兩岸
各廳險工叠出在事文武員弁實係異常得力
搶護平安并防渡及總巡委員能耐勞苦不避

風雨寒暑晝夜常在河干者似不便沒其微勞
但雖據各道稟保前來因思上年霜後各員甫沭
恩施何敢歲歲請保現俱存記俟來年察看擇其始
雖據各道稟保前來
終奮勉者核實奏乞
鴻慈再東省運河修辦各工係保堤衛民及蓄水禦
賊各事宜臣因在豫防河未能親往督辦現仍

責成運河道敬和経理合併聲明所有黃河霜
降安瀾緣由理合會同署河南撫臣賈慶恭摺
循例由驛具
奏伏祈
皇上聖鑒謹
奏

咸豐十年九月初十日具

奏於九月二十九日准

兵部火票遞到奉

硃批覽奏均悉本年搶險防渡出力各員着暫行存

記俟明歲秋汛安瀾後再為察看欽此

九月初十

再臣接准河南撫臣慶　來咨恭悉
聖駕舉行秋獮英咈二夷猖獗由天津通州直犯京
師欽奉
諭旨飭調各路精兵前往助剿以殄夷氛等因臣聞
之不勝依戀憤懣淚下沾襟伏念臣受
恩深重當此

君父有急雖軍旅未嫻亦應執殳前驅同仇敵愾以
圖報稱惟臣長駐豫省河干僅恃各州縣練勇
以防河濟甯本標營兵雖有一千數百名而除分
防河汛及派守曹濟要隘之外存城僅有五六
百名濟甯州城為東省門戶北京藩籬久為皖
捻時存窺伺之心該處民團練勇雖屬整齊全賴標兵為

之董率若一經抽調為數無多既無益於北路
軍務恐有悞於東境防堵且捻匪不時竄擾撫
臣慶 現遵
諭旨選帶兵勇一萬二千名赴援北上所留防兵無
几且係飢疲之卒不堪衝鋒冒敵其能戰將官亦多
半隨行豫疆現以黃河為天險倘該匪乘虛出

巢紛紛北渡則援兵腹背受敵大局何堪設想
是黃河各渡口此時關係尤為緊要必須督飭
委員練勇寔力防守方能杜其北犯兼以上南
廳鄭下汛於寒露前後又出復迭險工甫經搶辦平
定尚須隨時保護臣責任綦重亦不敢擅離力與心
督飭慎防
違悚惶無地祇有盡心職守專盼各路猛將精

兵練勇雲集響應迅殲醜類安奠
京畿早迓
鑾輿回宮以慰中外臣民之望所有微臣悚歎依戀下
忱理合附片具
奏伏乞
聖鑒謹

奏
咸豐十年九月初十日附
奏於九月二十九日奉到
硃批知道了欽此

奏為查明七月分各湖存水尺寸謹繕清單仰祈
聖鑒事竊照嘉慶十九年六月内欽奉
上諭湖水所收尺寸每月查開清單具奏一次等因欽
此所有六月分湖水尺寸業經臣繕單具
奏在案茲據運河道敬和將七月分各湖存水尺

寸開摺稟報前來臣查微山湖定誌收水在一
丈四尺以內因豐工漫水灌注量驗湖底積受
新淤恐不敷濟運經前河臣李鈞會同前撫臣
崇恩奏奉
上諭加收一尺以誌樁存水一丈五尺為度本年六
月分存水一丈二尺九寸七月內長水一尺七

寸實存水一丈四尺六寸較上年七月水大三尺八寸此外昭陽南陽獨山馬踏四湖消水自二寸至四寸九分其南旺馬場蜀山三湖長水三寸五分及四寸並一尺三寸計昭陽湖存水四尺九寸南陽湖存水三尺七寸南旺湖存水七尺七寸五分獨山湖存水六尺四寸馬塲湖

存水七尺五寸蜀山湖存水一丈一尺馬踏湖存水四尺三寸二分以上各湖存水除馬踏一湖比上年七月水小四寸五分外餘俱較大自二寸至四尺九寸不等查時已深秋來源漸弱微山蜀山二湖水雖收足惟捻氛未靖濟甯滕嶧一帶如有警報全賴該二湖之水宣放入河

攔禦庶兵勇有險可守必須將單閘加板水口

屯堵以資闌蓄而免虛耗其餘各湖存水間有

見消仍應設法收納務期有盈無絀臣惟當督

飭道廳相機妥慎辦理並慎守堤埝不任稍有

疎忽以仰副

聖主慎重湖瀦保衛民生之至意所有七月分各湖

存水尺寸謹繕清單恭摺具
奏伏乞
皇上聖鑒謹
奏
咸豐十年九月初十日具
奏於九月二十九日准

兵部火票遞到奉

硃批知道了欽此

謹将咸豐十年七月分各湖存水實在尺寸逐

一開明恭呈

御覽

運河西岸自南而北四湖水深尺寸

一微山湖以誌樁水深一丈二尺為度先因湖

底淤墊三尺不敷濟運奏明收符定誌在一

丈四尺以内又因豐工漫水灌注量驗湖底
復受新淤二尺七寸奏奉
上諭加收一尺以誌樁存水一丈五尺為度本年六
月分存水一丈二尺九寸七月内長水一尺
七寸實存水一丈四尺六寸較九年七月水
大三尺八寸

一昭陽湖本年六月分存水五尺一寸七月內
消水二寸實存水四尺九寸較九年七月水
大二寸
一南陽湖本年六月分存水三尺九寸七月內
消水二寸實存水三尺七寸較九年七月水
大五寸

一南旺湖本年六月分存水七尺四寸七月内
長水三寸五分實存水七尺七寸五分較九
年七月水大四尺二寸
運河東岸自南而北四湖水深尺寸
一獨山湖本年六月分存水六尺六寸七月内
消水二寸實存水六尺四寸較九年七月水

大九寸
一馬場湖本年六月分存水七尺一寸七月內
長水四寸實存水七尺五寸較九年七月水
大三尺七寸
一蜀山湖定誌收水一丈一尺為度本年六月
分存水九尺七寸七月內長水一尺三寸實

存水一丈一尺較九年七月水大四尺九寸
一馬踏湖本年六月分存水四尺八寸一分「七
月內消水四寸九分實存水四尺三寸二分」
較九年七月水小四寸五分

奏為皖捻大股竄入東境直撲濟甯州城業經官
兵練勇擊退現在分擾各縣仍嚴飭堵剿情形
恭摺具陳仰祈
由驛
聖鑒事竊照皖捻未靖不時竄擾豫東各州縣雖僅
事焚搶而已民不堪命祇因賊衆過多所到之

處兵勇每難堵禦該逆前於汝甯府屬得志後其勢益張肆無忌憚各處探聽虛寔奸細不少拏不勝拏久有窺伺濟甯之心近因河南山東得力官弁兵勇均調援京師該捻即乘虛而入旬日以來先疊擾曹州府曹縣單縣等飛稟皖捻各旂大股糾合出巢因曹單一帶北岸長隄

挑濠嚴守未能竄越由江省豐縣入東境魚台
縣分撲濟甯嘉祥鉅野等處沿途焚掠勢甚猖
獗復圍攻鉅野縣城經曹州府知府童正詩調
集各縣練勇會同曹州鎮郝上庠分投堵剿截
擊斃賊無算兵勇團總亦有傷亡鉅野解圍後
分擾鄆城等處意將由梁山地方搶渡運河前

前赴汶上又據濟甯州知州盧朝安署河標中營
副將崔雙貴馳稟逆捻數萬於九月十三日直
撲濟甯防守牛頭河團勇因衆寡不敵力未能
堵禦以致將西南兩面各村庄全行燒燬徑犯
州城團々圍困幸該州四面先築有土圩若土圩不
保則城池難守運河道敬和奉委督辦德州四

女寺支河挑築各事尚未回濟經盧朝安崔雙
貴會同署左營叅將孫延畧署右營遊擊周貞
元及署城守營都司韋普霖守備馬萬春等督
飭千把外委調集兵勇義團并由濟甯州添募
壯勇分布四門嚴密力守土圩在城現任候補
大小文員各守関廂寨門復經該將備等挑選

兵勇疊次出圩剿殺歷三晝夜始行擊退解圍
鎗砲齊施斃賊多名
又分竄汶上曲阜各等情臣聞之不勝憤懣查
皖捻鴟張已非一日祇因南北軍務不靖未能
厚集兵力剿除豫東二省為北直藩籬濟甯尤
為東省門户現在京都援師俱集直境倘皖捻
再行北犯則腹背受敵所関非細且該逆覬覦

濟甯日久未能遂其飽掠之心難保不既退復來

臣因防守黃河稽查渡口緊要未能親往督剿

惟有咨請山東署撫臣清　及

欽差杜　飛調兵勇應援籌發軍餉接濟並飛飭道

將州廳鼓勵兵勇義團防護州城嚴守土圩如

捻匪復至仍寔力堵剿以保無虞除地方各縣

剿賊情形由署撫臣具

奏陣亡倫弁另片奏乞

賜卹外所有此次力保濟甯州危城土圩在事文武員弁

團總晝夜不懈及面頰手腿受傷之署叅將孫延畧署遊

擊周貞元可否擇尤酌保以示獎勵之處仰候

訓示祇遵為此恭摺由驛具奏伏祈

鑒

皇上聖鑒謹
奏
咸豐十年九月二十六日具
奏於十月十一日奉到
硃批另有旨欽此

咸豐十年十一月十六日准
兵部咨咸豐十年十月初三日奉
上諭黄　奏濟甯解圍情形並請將陣亡各員優
卹各等語所有此次在軍出力之文武員弁團總
著黄　會同文　擇尤保奏候朕施恩至打仗
陣亡各員弁除守備馮萬春業經議卹外把總米

渠劉鳳鳴張應羆外委王晏清効力武舉李殿颺
均著交部從優議卹以慰忠魂欽此

再勦辦賊匪全賴武弁奮勇直前方能得力而
因此陣亡者亦不能免此次逆捻圍攻濟甯城
圩經各將備疊次率領兵勇出圩勦賊解圍後
據經河標署中軍副將崔雙貴禀稱查有城守營
守備馬萬春中營把總米渠左營把總劉鳳鳴
右營把總張應龍城守營經制外委王晏清城

守營効力武舉李殿颺均力戰陣亡其餘未經
歸伍弁兵另容查稟等情前來臣查該備等勦
賊捐軀歿於王事殊堪憫惻仰懇
天恩勅部將守備馬萬春把總米渠劉鳳鳴張應鼐
外委王旻清武舉李殿颺均從優議卹以慰忠
魂而示昭鼓勵其餘傷亡弁兵俟該將續稟到日

另容奏咨辦理合併聲明為此附片具
奏伏乞
聖鑒訓示謹
奏
咸豐十一年九月二十六日由驛附
奏於十月十一日准大票遞到奉

硃批另有旨欽此

咸豐十一年九月初五日准
兵部咨内閣抄出咸豐十年十月初二日奉
上諭黃 奏濟甯解圍情形並請將陣亡各員優
卹各等語所有打仗陣亡各員弁除守備馬萬春
業經議卹外把總米渠劉鳳鳴張應鼎外委王晏
清効力武舉李殿颷均着交部從優議卹以慰忠

魂
欽此

十一月十六日發

奏稿

奏

奏為督飭各廳防護黃河淩汛並嚴催趕辦歲料
情形恭摺仰祈
聖鑒事竊照黃河修守桃伏秋淩四汛並重十一月
初十日節交冬至淩汛已屆天氣嚴寒河水易於
凍結一經冰塊下注上游兩岸臨黃埽壩既恐

刷傷廂修不易其河勢兆灣各處又慮擁集抬
水致有隱患臣先經通飭道廳周密防護各該
廳營於霜降以後本未下堤現俱遵照親督汎
弁兵夫往來認真巡防並將各埽前密掛撓凌
榔椿以資捍禦凡河身坐灣之處多備打凌器
具船隻專派外委兵丁住守查看遇有冰塊壅

過立時敲打推行使之順流而下不任停積抬

水臣現駐下南廳黑堽工次稽防渡口當就近

[雖現駐省垣而汴城離河岸不遠]

督飭各廳小心防範務臻慎密至採購來年歲

料為桃伏秋三汛修防要需向於冬令收買近

年冬間雖未能購齊而先辦數成至春間添購

足數庶不致有遲悞且春間料價倍昂以冬間

兩垜之價不足辦一垜之料若能年內早爲寬
購於經費寔可撙節以免折耗虛糜所有辛酉
年有河各廳應辦歲儲早經 臣確按工程之繁
簡分派購料之多寡并行司撥發例帮價銀去
後迄今司庫料價未發道庫久空廳員力不能
再行挪墊以致均未設廠伏念京餉協餉雖関

緊要而河工修防亦全局所繫盖皖省捻匪大
半係難民蟻聚若河工料物短絀錢粮缺乏一
有疎虞被水之民無術謀生者勢必聚而為盗
勾結滋擾豫省為北直藩籬山陝要道如西北
各州縣再經蹂躪不但路途梗阻補救乏術且
賦無所出餉從何撥是以 臣晝夜焦慮寢饋難

安可否仰懇而不敢片刻怠置也除現由

天恩勅下河南撫臣行令藩司將京協各餉與河工

辦料修防經費兼籌並濟隨時撥發以保護河防

至所以維持大局外不獨通省黎庶感沐

聖澤而力全完善各州縣方能征收賦稅以備餉需

似不可僅顧目前貽患日後臣受

恩深重不得不通盤籌畫據寔瀝陳仍當嚴飭道廳
茍能設法挪借先行趕緊設廠一面催司撥發
料價俾資採購斷不任藉詞延緩以重工儲為
此恭摺具奏伏乞
皇上聖鑒訓示謹
奏

咸豐十年十一月十六日具

奏於十二月二十日奉到

硃批知道了京協各餉尤関緊要況現在汝兼署豫

撫不准稍涉成見欽此

再東河河督衙門辦公書吏向按四季換班運
年因河臣長駐豫省防河除夏秋二季黃河水
長工多事務緊要不能不將書吏全行調赴工
次供辦外至霜降以後祇留數名在工辦理單
務防河等事餘俱飭令回濟甯署中核辦本衙
門尋常案牘以節經費本年九月內將届冬季

換班之期適值皖捻圍攻濟甯州凡住居城外
之書吏間多被其焚掠戕害一時募充明白辦
公之人不易且包封往來賫送案件未免躭遲
所有庚申年黃運各道辦過土埽磚石丈尺細
數動用錢粮清单及比較找撥不敷等件冊頁
繁多年內斷趕繕不及應懇請查照歷届之案展

限至正二月開彙
奏俾可從容勾稽以昭慎重而免舛錯理合附片
陳明伏乞
聖鑒謹
奏
咸豐十年十一月十六日附

奏於十二月二十日奉到

硃批該部知道欽此

奏為查明八月分各湖存水尺寸謹繕清单仰祈
聖鑒事竊照嘉慶十九年六月内欽奉
上諭湖水所収尺寸每月查開清单具奏一次等因欽
此所有七月分湖水尺寸業経 臣 繕单具
奏在案茲據運河道敬和將八月分各湖存水尺

寸開摺稟報前来臣 查徵山湖定誌収水在一
丈四尺以內因豐工漫水灌注量驗湖底積受
新淤恐不敷濟運經前河臣李 會同前撫臣
崇 奏奉
上諭加収一尺以誌樁存水一丈五尺為度本年七
月分存水一丈四尺六寸八月內水無消長較

九年八月水大二尺六寸此外除蜀山一湖水無消長外其昭陽等六湖消水自三寸九分至一尺五寸計昭陽湖存水四尺四寸南陽湖存水三尺二寸南旺湖存水七尺三寸六分獨山湖存水五尺九寸馬場湖存水六尺蜀山湖存水一丈一尺馬踏湖存水三尺九寸二分以上

各湖存水除南旺馬場蜀山三湖比上年八月水大二尺一寸四分及二尺一寸並三尺二寸外餘俱較小自二寸至一尺二寸不等查九月閒皖匪竄入東境擾及濟城経運河廳將蜀山湖利運閘及南旺湖芷生雙閘土壩撤除並啓亮閘板放水灌入牛頭河及南北運河賴以攔

架又有民人將蜀山南旺馬場等湖挖開缺口
放水禦賊以致湖瀦宣洩較多迨賊退後赶將
閘板加下并飭所管州縣衛汛分投將各缺口
堵築不任水勢虛耗以備不虞現逾冬至雖值
籌收冬水之時而汶源微弱 臣 惟當嚴督道廳
寔力料理苟有可以收水之處設法疏導毋許

懈怠以仰副
聖主重潴衛民之至意所有八月分各湖存水尺寸
謹繕清單恭摺具
奏伏乞
皇上聖鑒謹
奏

咸豐十年十一月十六日具
奏於十二月二十日奉到
硃批知道了欽此

謹将咸豐十年八月分各湖存水寔在尺寸逐
一開明恭呈
御覽
運河西岸自南而北四湖水深尺寸
一微山湖以誌樁水深一丈二尺為度先因湖
底淤墊三尺不敷濟運奏明收符定誌在一

丈四尺以內又因豐工漫水灌注量驗湖底
復受新淤二尺七寸奏奉
上諭加收一尺以誌樁存水一丈五尺為度本年七
月分存水一丈四尺六寸八月內水無消長
仍存水一丈四尺六寸較九年八月水大二
尺六寸

一昭陽湖本年七月分存水四尺九寸八月內消水五寸寔存水四尺四寸較九年八月水小八寸

一南陽湖本年七月分存水三尺七寸八月內消水五寸寔存水三尺二寸較九年八月水小六寸

一南旺湖本年七月分存水七尺七寸五分八
月内消水三寸九分寔存水七尺三寸六分
較九年八月水大二尺一寸四分

運河東岸自南而北四湖水深尺寸

一獨山湖本年七月分存水六尺四寸八月内
消水五寸寔存水五尺九寸較九年八月水

小二寸

一馬場湖本年七月分存水七尺五寸八月內

消水一尺五寸寔存水六尺較九年八月水

大二尺一寸

一蜀山湖定誌收水一丈一尺為度本年七月

分存水一丈一尺八月內水無消長仍存水

一丈一尺較九年八月水大三尺二寸

一馬踏湖本年七月分存水四尺三寸二分八
月內消水四寸寔存水三尺九寸二分較九
年八月水小一尺二寸

十一月十六日發

奏稿

奏為河標守備員缺緊要謹遵人地相需之案專
摺奏請陞署以重操防恭摺具陳仰祈
聖鑒事竊照河標濟甯城守營守備馬萬春劉禦掄
匪陣亡業經臣附片
奏請議卹並咨明兵部在案所遺之缺有訓練營

伍稽防河汎及彈壓地方盤詰奸宄之責非別
營之專事操防者可比況河標弁兵禦賊傷亡
多名現在招募新兵整頓營務尤關緊要必須
熟悉情形辦事結實明白河漕機宜之員方克
勝任茲查有右營右哨千總樊成傑現年六十
三歲山東濟甯州人由行伍進拔千總該員年

力強健弓馬嫻熟在標業已四十餘年各營事
務均素熟習於差操巡防訓練士卒尤能認真
得力不辭勞瘁始終如一現署城守營守備料
理裕如以之陞署斯缺實堪勝任雖樊成傑籍
隸本州與例稍有未符而查從前歷有以籍隸
本州之千總奏准陞署守備之案至該員於千

總任內六年俸滿後歷俸又屆三年及六十三
歲甄别均經咨部留任未曾保送而於咸豐六
年因防堵出力經前山東撫臣崇　奏奉
上諭着以應陞之缺陞用欽此欽遵在案臣為營務
緊要起見謹遵人地相需之案專摺
奏請合無仰懇

天恩俯准以樊成傑陞署河標濟甯城守營守備洵
於操防河務均有裨益如蒙
俞允並請先給署劄仍咨商山東撫臣於東省守備
內從容察看如有明白河漕者揀選對調以符
定制再查樊成傑任內並無參罰案件前竄東
境之捻匪擊退未久難保其不再行窺伺濟甯防

堵正資熟手應請俟軍務事竣再行給咨該員
送部引
見合併聲明為此恭摺具陳伏乞
皇上聖鑒訓示謹
奏
咸豐十年十一月十六日具

奏於十二月二十日奉到
硃批兵部議奏欽此

十月十六日發

再此次逆捻直撲濟甯州城所有河標四營備
弁接仗陣亡之守備馬萬春把總米渠劉鳳鳴
張應鼐外委王晏清武舉李殿颺先經臣黄
附片奏蒙
恩旨交部從優議卹在案原片內曾聲明其餘傷亡
弁兵俟該將續稟到日另容奏咨辦理旋據各

將領先後具稟前來除外委目兵造具花名清

冊咨請兵部議卹外查中營儘先守備千總傅

朝立把總李德宗署左營把總陸克勤右營守備

銜把總劉善傑城守營把總石貞亦均因迎剿

賊匪衆寡不敵力竭陣亡實堪憫惻仰懇

天恩勅部將千總傅朝立把總李德宗陸克勤劉善

傑石貞一併從優議䘏以慰忠魂合再附片具
奏伏乞
聖鑒訓示謹
奏
咸豐十年十一月十六日附
奏於十二月二十日奉到

硃批另有旨欽此

咸豐十一年正月初四日准
兵部咨内閣抄出咸豐十年十二月初五日奉
上諭黄 奏續經查出陣亡各員懇恩賜卹等語
河東河標儘先守備千總傅朝立把總李德宗署
把總陸克勤守備銜把總劉善傑把總石貞前在
山東濟甯州剿賊陣亡寔堪憫惻均著交部從優

議卹以慰忠魂欽此

奏為遵照部咨飭屬捐輸京餉恭摺具奏冊

奏仰祈

聖鑒事竊臣前准戶部咨具奏籌畫京餉一摺清單

內閣外省自督撫以至州縣凡實任各員應令

分別捐輸以助京餉擬令各省督撫藩臬運司

自三千兩以至一萬兩量力捐輸其道府州縣

自一千兩至一萬兩均由該督撫按照各該員

到任久暫廉俸多寡斟酌核定湊齊藩庫先行
奏明即由該藩司派員彙解部庫佐貳襍職凡
係實任者亦宜按照該省正印官比較減成至
武職各官與文職一律捐輸等因當經通飭遵
照在案伏查南北軍務不靖需餉浩繁度支匱
乏勸捐助餉寔為目前急務大小臣工具有天

良均應竭力捐助以盡微忱惟東河修防經費
自改用三銀七鈔以來鈔價日賤辦公已形竭
蹶加以司庫用款紛繁未能按時給發欠數累
累以致各道廳等雖有報効之忱而無捐輸之
力臣日夜思維萬分焦灼茲與豫省道廳籌商
除汎閘佐雜俱係微末窮員河營標營將備戰

司操防修築康俸業已折扣支發力難捐輸黄
河蘭陽以下乾河七廳多年未曾經手錢粮亦
難报捐並署開歸道王憲河北道張継翰已歸
地方各捐銀二千兩外擬令現任上南河同知
祥河同知陈兆觀各捐銀一千五百兩
德鈞中河通判徐思穆下南河同知何基祺署
黄沁同知汪青蘩署衛粮通判馬英俊祥河同

知陳兆[illegible]下北河同知鄭最各捐銀一千兩以
以共銀[illegible]千兩交河南司庫彙解稍盡微忱其
運河道廳共捐若干一俟交到另行~~辦理~~陳明至臣受
恩深重當此時艱餉絀理應竭力輸捐除前已附片
奏明報効銀二千兩交河南藩庫外茲復設措
銀二千兩仍交河南藩庫彙解涓滴之水無補

西江稍抒微忱均不敢仰邀議敘所有臣率屬捐

輸緣由理合恭摺具

奏伏乞

皇上聖鑒謹

奏

咸豐十年十一月二十三日具

奏於十二月初五日奉到

硃批另有旨欽此

咸豐十年十二月二十九日准
户部咨内閣抄出咸豐十年十一月二十九日
奉
上諭黄　奏率屬捐輸一摺河東河道總督黄
捐輸京餉著交部從優議叙欽此欽遵由内閣
抄出到部應飛咨該督欽奉

上諭交部從優議叙之東河總督黃　捐銀二千
兩應給予随帶加四級相應知照吏部註冊給
照並咨行東河總督查照可也

奏為東省運河道七次捐輸核明各官生應請官
階繕具清单奏懇
恩施奬叙
勅部速議給照仰祈
聖鑒事竊照東河黄運各道屬修防錢粮前因司庫

廹於軍餉未能按時給發欠撥較多道庫額存
之款墊發早空經前任各河臣督屬勸捐湊用
始則票五錢三銀二繼改銀二鈔八俱照支款
上兌原收原發節次奏獎均蒙
勅部議准在案自咸豐八年八月內奏報開歸河北
二道十次捐輸運河道六次捐輸後即奉部議

改新章須按七銀三鈔辦理當經轉飭遵照並屢催去後因黄河支款現係三銀七鈔運河支款係五銀五鈔而捐輸必須七銀三鈔相去懸殊且附近之京銅局豫省之餉票核計捐數俱与河工七銀三鈔較為便宜孰肯舍少就多以致捐生裹足雖經前河臣李　屢次奏請照從前舊章

按支款上兌臣於上冬復體察運河情形以黃
河支款三銀七錢較之捐輸須七銀三錢固屬
懸殊而運河係五銀五錢所短無多附片
奏請原收原放期於經費有裨與京局報捐並無
妨碍均仍奉部議駁伏念黃運兩河修防各工
攸關

國計民生臣現在長駐豫省防河凡伏秋汛內黃
河水長工險之時就近諄商河南藩司尚能陸
續撥款以資搶辦即冬春應購料麻磚石價值
均為儲備要需一經臣晉省面商雖軍餉緊迫亦莫
不兼籌並顧惟東省司庫應撥運河工需及欠
撥節年之款臣屢次行催俱以京餉協餉緊要

托辭不撥即補撥亦為數甚微勢難坐視貽悞
因思運河支款係銀鈔各半核之七銀三鈔不
過多現銀二成似較黃河尚易勸捐以期稍資
湊用疊飭運河道督同各廳竭力勸諭設法招
徠去後茲據該道敬和將七次捐輸提舉銜指
分東河通判張龍圖等四十四員名共捐銀二

萬二千五百五十七兩均按七銀三鈔上兌核
明應請官階詳請具
奏前來臣逐加覆核與現行常例籌餉新例接展
條款酌減銀數相符謹繕清單恭呈
御覽仰懇
天恩獎敘

勅部速議給照其監照並請由國子監迅速填發俾
昭激勸可期觀感奮興源源而來以裨河工經
費至此次所捐七銀三鈔係由道陸續湊發各
廳工用及前墊要款除飭將抵款冊赶緊造送
核咨並將先送到各官生履歷冊分別咨部外
為此恭摺具

奏伏乞
皇上聖鑒訓示再開歸河北二道屬捐輸本未截止
現仍飭令廣為招徠如有願以七銀三鈔上兌
者即赶速辦理勿任因循合併聲明謹
奏
咸豐十年十二月十四日具

奏於十一年正月十七日奉到
硃批户部覈議具奏單併發欽此

運河道七次捐輸人員清単

謹将山東運河道七次收捐各捐生員名銀数

並所請官階繕具清单恭呈

御覽

提舉銜指分東河通判張龍圖捐銀八千一百

二十四兩請以知府免保舉歸籌餉

新例不論雙単月選用

漢軍候補筆帖式增瑞捐銀三千九百五兩請以知縣免考試歸籌餉新例不論雙單月選用並加同知升銜

監生詹湘捐銀四千二百八十九兩請以知縣免保舉歸籌餉新例不論雙單月選用

監生詹濱捐銀二千三十一兩請以縣丞分發
湖北免其試用歸籌餉新例分缺先
班補用
貢生王秋溪捐銀二百四十兩請給予州同職
銜
武監生王春圃捐銀四百八十兩請給予衛守

偹職銜
山東魚臺縣俊秀常峻山捐銀二百四兩請給
予貢生
山東濟甯直隸州俊秀徐復元捐銀二百四兩
請給予貢生
山東濟甯直隸州俊秀趙佩蘭捐銀八十八兩

山東濟甯直隸州俊秀劉葆和捐銀八十八兩

山東濟甯直隸州俊秀文龍躍捐銀八十八兩

山東濟甯直隸州俊秀甯聖典捐銀八十八兩

山東濟甯直隸州俊秀徐靄庭捐銀八十八兩

山東濟甯直隸州俊秀董超羣捐銀八十八兩

山東濟甯直隸州俊秀彭宇華捐銀八十八兩

山東濟甯直隸州從九品職銜王幹臣捐銀二十四兩
山東濟甯直隸州俊秀杜學華捐銀八十八兩
山東濟甯直隸州俊秀趙永經捐銀八十八兩
山東濟甯直隸州俊秀趙淑顔捐銀八十八兩
山東濟甯直隸州俊秀張縉書捐銀八十八兩

山東濟甯直隸州俊秀高康溪捐銀八十八兩
山東濟甯直隸州俊秀劉耀堂捐銀八十八兩
山東鉅野縣俊秀奚蘊輝捐銀八十八兩
山東鉅野縣俊秀劉崇讓捐銀八十八兩
山東鉅野縣俊秀王耀東捐銀八十八兩
江蘇嘉定縣俊秀金熙彬捐銀八十八兩
山東濟甯直隸州俊秀劉廣聚捐銀八十八兩

山東濟甯直隸州俊秀高永平捐銀八十八兩
山東濟甯直隸州俊秀張君沛捐銀八十八兩
山東濟甯直隸州俊秀張衍書捐銀八十八兩
山東魚臺縣俊秀薛步階捐銀八十八兩
山東魚臺縣俊秀胡致和捐銀八十八兩
山東濟甯直隸州俊秀岳保柱捐銀八十八兩

山東濟甯直隸州俊秀孫廷志捐銀八十八兩
山東濟甯直隸州俊秀王兆壯捐銀八十八兩
山東濟甯直隸州俊秀王書存捐銀八十八兩
山東濟甯直隸州俊秀王書選捐銀八十八兩
山東魚臺縣俊秀李輝陞捐銀八十八兩
山東魚臺縣俊秀任松友捐銀八十八兩

山東魚臺縣俊秀張宜楠捐銀八十八兩
山東魚臺縣俊秀高清洛捐銀八十八兩
山東魚臺縣俊秀高清泮捐銀八十八兩
山東鄒縣俊秀王履祥捐銀八十八兩
以上三十五名均請給予監生
山東魚臺縣俊秀任讚香捐銀六十四兩請給

予從九品職銜

再東河捐輸各官生均思速得執照是以前任
河臣曾
奏准須發空白各項執照隨時填給茲查前須空
白執照內監照及職銜照俱已填發無存僅餘
空白部監貢照各五張空白
封典部照十五張此次運河道請奬捐輸人員冊內

報捐貢生之俊秀常峻山徐復元二名即於臣
衙門舊存空白照內填給並已咨明部監知照
惟現在既須廣為勸捐除報捐官職者仍應奏
奏請
勅部議准方由戶部咨明吏部填發執照外其俊秀
報捐監生貢生及從九品職銜者均有一定銀

數仰懇
天恩勅下戶部國子監頒給空白監照各三百張空
白貢照各三十張空白從九品職銜照二百張
迅即咨交臣衙門遇有報捐者一經上兌由道
稟到即行填發可期踴躍而廣招徠洵於捐務
有裨為此附片奏請伏乞

聖鑒訓示謹
奏
咸豐十年十二月十四日附
奏於十一年正月十七日奉到
硃批該部查照辦理欽此

再臣接准直隸督臣恒　咨會咸豐十年十一
月初二日內閣奉
上諭勝　奏請專派大員防河等語直隸大順廣道
聯捷著專辦防河事務准其專摺奏事其直隸之
大名順德廣平河南之彰德衛輝懷慶各府應辦
防河事宜著妥為籌辦嗣後如有捻匪偷渡河岸

惟該道是問其濱河各該地方官有怠惰踈失不
遵調遣者指名叅奏以專責成欽此當經轉飭所
屬遵照在案伏念豫省上游黃河為北省藩籬
防守河岸力杜捻匪北竄並稽查渡口嚴拏奸
細混跡偷渡均為至要之務是以臣於上年到
東河總督之任後因查明從前所派防渡委員

太多互相推諉即經 臣 逐一核實分別去留
奏准於南北兩岸委道府大員四人分司總巡官
渡六處每渡口派委員四人長住河干晝夜稽
防以昭慎密而專責成均於河南地方及東河
候補人員內遴選才具勤幹能耐勞苦者派委
一有偷安怠惰立即更換以期日久勿懈現在

欽派直隸大順廣道聯捷辦理防河事務

准其專摺奏事所有豫省黃河稽防各渡口應否統

歸該道經理臣專事修守工程毋須兼管如均

歸該道管理其南北兩岸渡口並總巡原派河

南地方及東河候補各委員遇有更調是否准

由聯捷隔省遴委抑係該道專在河北督同各

府並濱河地方官辦理防河事務其各渡口稽
查奸細匪類以及遊妄人員仍須臣兼管之處
俱未敢擅便理合奏懇
訓示遵行為此附片具陳伏乞
聖鑒謹
奏

咸豐十年十二月十四日附
奏於十一年正月十七日奉到
硃批另有旨欽此

咸豐十一年三月二十五日准
户部咨内閣抄出咸豐十年十二月二十六日
奉
上諭黄　奏豫省黄河防查渡口應否歸聯　經
理等語直隸大順廣道聯捷現派專辦防河事務
所有豫省黄河各渡口防查事宜均著歸該道管

理南北兩岸渡口原派委員遇有更調即由聯
遴委以專責成黃　　着專管修守工程毋庸兼
管防河事務欽此

奏為查明九月分各湖存水尺寸謹繕清單仰祈
聖鑒事竊照嘉慶十九年六月內欽奉
上諭湖水所収尺寸每月查開清單具奏一次等因欽
此所有八月分湖水尺寸業經臣繕單具
奏在案茲據運河道敬和將九月分各湖存水尺

寸開摺稟報前来臣查微山湖定誌収水在一
丈四尺以内因豐工漫水灌注量驗湖底積受
新淤恐不敷濟運經前河臣李 會同前撫臣崇
奏奉
上諭加収一尺以誌樁存水一丈五尺為度本年八
月分存水一丈四尺六寸九月内水無消長較

上年九月水大二尺二寸此外昭陽等七湖消水自二寸至二尺六寸五分計昭陽湖存水四尺二寸南陽湖存水三尺南旺湖存水五尺九寸六分獨山湖存水五尺七寸馬場湖存水五尺一寸八分蜀山湖存水九尺馬踏湖存水一尺二寸七分以上各湖存水除南旺馬場蜀山

三湖比上年九月水大四寸二分及一尺二寸
八分並六寸九分外餘俱較小自三寸至三尺
九寸三分不等查北路蜀山馬踏南旺等湖因
九月內皖匪竄擾東境兗濟各屬放水入河藉
資防禦以致消水（耗）較多迨賊退後即經該管運
河道敬和督飭將濟甯以北至袁口各大閘及

各湖單閘全行封閉不使涓滴虛洩現在濱河一帶瑞雪渥沾潛滋入土深透一經春融凍解各泉旺發可期源源入湖 臣當督飭道廳將進水之路預為疏通隨時設法收蓄以裕湖瀦而備應用斷不任稍有懈忽以仰副
聖主重瀦衛民之至意所有九月分各湖存水尺寸

謹繕清單恭摺具
奏伏乞
皇上聖鑒謹
奏

謹将咸豐十年九月分各湖存水寔在尺寸逐

一開明恭呈

御覧

運河西岸自南而北四湖水深尺寸

一微山湖以誌椿水深一丈二尺為度先因湖

底淤墊三尺不敷濟運奏明收符定誌在一

丈四尺以内又因豐工漫水灌注量驗湖底
復受新淤二尺七寸奏奉
上諭加收一尺以誌樁存水一丈五尺為度本年八
月分存水一丈四尺六寸九月内水無消長
仍存水一丈四尺六寸較九年九月水大二
尺二寸

一昭陽湖本年八月分存水四尺四寸九月內消水二寸寔存水四尺二寸較九年九月水小九寸

一南陽湖本年八月分存水三尺二寸九月內消水二寸寔存水三尺較九年九月水小七寸

一南旺湖本年八月分存水七尺三寸六分九
月內消水一尺四寸寔存水五尺九寸六分
較九年九月水大四寸二分
運河東岸自南而北四湖水深尺寸
一獨山湖本年八月分存水五尺九寸九月內
消水二寸寔存水五尺七寸較九年九月水

小三寸
一馬場湖本年八月分存水六尺九月内消水
八寸二分寔存水五尺一寸八分較九年九
月水大一尺二寸八分
一蜀山湖定誌收水一丈一尺為度本年八月
分存水一丈一尺九月内消水二尺寔存水

九尺較九年九月水大六寸九分

一馬踏湖本年八月分存水三尺九寸二分九月內消水二尺六寸五分寔存水一尺二寸七分較九年九月水小三尺九寸三分

奏為恭報 微臣 交卸兼署巡撫日期恭摺奏祈

聖鑒事竊 臣 接准部咨奉

上諭河南巡撫著嚴樹森補授即赴新任毋庸來京

請訓未到任以前著黃 暫行兼署欽此遵即

束裝由工次進省於十一月初八日接印視事

當經

奏報在案茲新任河南撫臣嚴樹森於十二月行抵豫境擬在許州接印臣即將巡撫關防並飭委署開封府知府羅景恬中軍參將巴揚阿賚送前往臨時恭請

王命旗牌書籍文卷等項移交接收 即於

是日交卸仍回里堤工次督防前河所有交卸兼署巡撫

印務日期理合恭摺具

奏伏乞
皇上聖鑒謹
奏
咸豐十年十二月二十日具
奏於十一年二月初四日奉到
硃批知道了欽此

再

再據運河道敬和稟稱九月內捻匪竄擾濟甯
等處有前任濟甯衛南汎分防白振川請往芒
生閘閉板蓄水防禦日久未回嗣據現署衛南
汎分防靳德芳稟報并據該家屬呈稱查明白
振川帶記出差中途遇賊叉傷數處棄屍在野
現甫尋覓棺殮除分防鈐記遺失另文詳懇頒

發外由道轉請
奏卹前來查該分防於烽烟四起之時毅然出差
籌辦防禦實為勇幹茲因中途遇賊被害殊堪
憐憫仰懇
天恩勅部將前任濟甯衛南汎分防白振川照陣亡
例從優議卹以慰忠魂為此附片奏請伏乞

聖鑒訓示謹

奏

咸豐十年十二月二十日附

奏於十一年二月初四日奉到

硃批另片看從優照陣亡例議卹欽此

奏為恭謝

天恩仰祈

聖鑒事竊臣齋摺差弁回工捧到

御書福字一方當即恭設香案望

闕叩頭祗領欽惟我

皇上仁覃泰㝢
道闡乾符
敷錫庶民跂喙賴
一人之慶
緝熙純嘏寰瀛賡
萬壽之章行覘烽息潢池

於頌揚中稍寓
規諫以為然
否祈酌之

撫夏甸而
自求以配命
藉釐兼集禔消渤澥
勤
肇春臺而
建極以宣民
民社咸躋寶欣幸之難名非頌揚所能罄臣職司水
土任重宣防念三汛之載經愆惟日省拜
九重之疊賜福自

請○共是否係恭字
祈查明

天申
雨露彌醲冰淵滋惕臣惟有勉思厚載福益勵敬以靖共瞻
寶翰之輝煌繹
禹疇而心殫疏導仰
洪慈之高厚披酈注而事慎防維所有微臣感激下忱
理合繕摺恭謝

天恩伏乞
皇上聖鑒謹
奏
咸豐十年十二月二十日具
奏於十一年二月初四日奉到
硃批知道了欽此

咸豐十一年河東河道總督奏事摺底

奏為恭報黃河凌汛安瀾仰祈
聖鑒事竊照上年十一月內凌汛屆期督飭廳營勤
慎防護並嚴催辦料情形當經繕摺具
奏在案自交冬至以後豫東瀕河一帶瑞雪屢霑
氣候嚴寒滴水成冰黃流易結始尚隨凝隨淌

既而愈聚愈多其大塊冰凌下注凡有臨黄埽垻每虞劖傷先經各廳營禀明動用存工舊料擇要將單矮埽段加廂高整密掛橛椿以資捍禦其河勢坐灣各處尤恐擁積抬水并多派勤幹弁兵携帶打凌器具沿河往來輪流查看一有冰塊停積立時敲打推行不任壅遏為患臣

上冬雖在省垣兼署撫篆仍就近疊飭廳營汎
弁親往長堤分段慎重防護不准片刻鬆懈現
在節過立春天氣已和陽回凍解黃河大溜循
順行走兩岸各工平穩安瀾誌慶堪以仰慰
聖懷惟三冬雪澤過多現在堤岸積雪尚深數尺天
寒日久冰凌較厚一經融化春水下注必旺臨

黃磚石埽壩必須加謹保守 臣現已回駐黑堽
當督飭各道廳詳察河勢之趨向工程之緩急
隨時相機寔力修防不任疎忽至每年各廳額
辦歲料為廂埽要需且詢訪在工年老弁兵僉
謂上冬得雪之多存積之厚為多年所未有豫
東如此想西路山陝一帶亦然本年伏秋汛内

黄河必多~~盛~~異漲~~之大~~修守料物尤應寬為儲備
採購均難遲緩無如司庫料價~~未發~~迄今尚未
籌撥絲毫雖經 臣疊札嚴飭道廳挪墊赶辦并
委在工學習之翰林院編修童福承前赴兩岸
挨廳查催祗緣道廳無力再行措墊所以歲前
尚未報明設廠時已正月深慮遲悞焦灼萬分

臣
前於具
奏防護黃河凌汛摺內業將河工修防全局所繫
詳晰陳明在案恭奉
硃批就協各餉尤關緊要況現在爾兼署豫撫不准
知道了
汝
稍涉成見欽此臣捧讀之下曷勝惶悚查河工料
價向係霜清後全数撥發近雖司庫支絀每年

冬底猶能籌撥現銀數萬以備採購所以每有
險工尚堪保護去冬因 臣兼署撫篆目睹各路
餉需催迫藩庫實形拮据歲料一款時刻在念
不敢不儘目前所尤為緊要者飭司籌撥並
先未暇與藩司提及惟上冬積雪既厚今年來
源必旺現屆正月料價尚未撥給而道廳等連
年困苦幾於饔飧莫繼又無力再為措墊將來

大汛經臨險工疊出凴何搶護設有疎虞 臣一
省惟官撻
身不足惜而通省錢粮無出億萬生靈無依黄
特須留身賑濟安民
河天險無凴關係實非淺鮮 臣每一念及中夜
何以阻擋賊騎全賴黃河則此後黃河句防[illegible]其想安危所繫真青不
堪設想者
徬徨不知所措惟有與新任河南撫 臣嚴
寢食俱忘
熟商諄催藩司迅速籌撥嚴飭各廳星夜赶購
勒限三月内一律堆齊以便接辦防料磚石如

料價已發而廳員內仍有藉詞延緩者立即指名
叅撤斷不敢稍事姑容以重工儲而裕備防所
有凌汛安瀾及現在商撥料價緣由理合恭摺
奏報伏乞
皇上聖鑒謹
奏

咸豐十一年正月初八日具
奏於二月初五日奉到
硃批知道了欽此

奏為遵
旨查明力守濟寧土圩擊賊立解城圍尤為出力之
文武員弁團總秉公恭摺會保仰祈
聖鑒事竊臣黃　　於九月內馳奏皖捻大股竄入
東境直撲濟寧州城圍攻業經官兵練勇擊退

并請將力保危城土圩之在事文武員弁團總
擇尤酌保以示奬勵一摺恭奉
硃批另有旨欽此旋於十一月十六日接准吏部咨
欽奉
上諭黄　奏濟寧解圍情形並請將陣亡各員優
邺各等語所有此次在事出力之文武員弁團總

着黄 會同文 擇尤保奏候朕施恩等因欽
此跪讀之下仰見
聖主鼓勵戎行微勞必錄感激同深臣等即往返函
商并飭據運河道及州營核實具禀暨准團練
局移咨前來伏查皖捻鴟張時思竄擾東境久
有覬覦濟甯之心此次各旂大股糾合有数萬之

衆由江境豐縣入山東魚臺縣突撲州城圍困
三晝夜兇猂異常而卒能立解城圍者實因平
時預築土圩設立團勇勸諭民間各出義團布
置周密而當圍城之時尤賴在事文武員弁練
勇協力同心不避風雨黑夜站守土圩并有因
公在濟之員帮同分投防守其州營均能親冒

矢石雖受傷仍奮勇擊賊及四門團總練長亦
能激勵民勇出奇剿賊潛出鎗炮轟斃馬賊多
名在城紳富復有慷慨立捐勇糧並添募壯勇
以助兵力者所以衆志成城內(同)心敵愾方得轉
危為安查逆捻現雖(又)回(傾)巢而(出)窺伺濟寗已非一
旧匪次既未遂其飽掠勢必傾巢復來雖蒙

欽差親王僧　統帶馬步隊到東駐紮相機進
剿而濟寧籌辦防堵事宜尤可一日鬆懈況賊
衆兵单餉需支絀當緊急之候須賴練勇守圩
以濟兵力又須藉紳富捐資以充兵餉是保奨
濟寧紳團練總尤為目前要務至四門關廂帶
領義勇為首之人數載以來始終如一亦不便

没其微勞惟人数過多未敢稍涉浮濫節經駁飭
删減非真知灼見寔有勞績可叙及捐資較厚
者不准列保茲悉心察核謹將力守濟甯土圩
擊賊力並解城圍在事文武員弁團總遵
旨會同撫臣文 擇其尤為出力者繕具名单恭呈
御覽仰懇

天恩俯准獎敘以昭激勸而固疆圉其次出力佐襍

人員及武弁由臣黃　分別酌賞功牌俾知

觀感奮興洵於堵勦有裨為此恭摺會

奏伏乞

皇上聖鑒訓示謹

奏

咸豐十一年正月初八日會

奏於二月初五日奉到

硃批另有旨欽此

清单

謹將咸豐十年九月内皖捻大股竄入東境力
守濟甯土圩擊賊立解城圍之尤為出力之文
武員弁團總彚繕名单恭呈

御覽

揀發東河學習翰林院編修童福承請加侍講

銜

河南大挑知縣耆倫請加同知銜
道員用補授登州府知府暫留濟寧州盧朝安
賞加同知銜
照例以候補道請
交軍機處記名遇有山東道員缺出請
旨簡放
知府用運河同知沈鍠請開缺以知府留於山
東歸候補班前先用 守南

泇河同知朱懋瀾 守北

候補同知陳繼業 守南

都司銜濟甯衛守備林安邦 守东

以上三員均請

賞戴藍翎

陞銜捕河通判曹文振 守东

候補同知解汝脩 柳河

以上二員均請加知府銜 運同

候補同知李震南請補缺後以知府用先換頂戴 守西

候補同知袁景曜請補缺後以知府歸部選用先換頂戴 守北

候補通判蕭湘請以通判歸次儘班前先用（係回守南）

署運河營守備候選衛守備借補蘭陽汛千總

劉耀宗請仍留東河以補守備[illegible]先（後以都司用）（係回守城）

換頂戴

山東試用通判錫桂請以通判歸軍功候補班（守城）

前先用

東河候補未入流龔篪請補缺後以縣丞儘先（守濟安 台）
升用
山東候補縣丞沈鈺請俟補缺後以知縣用
山東已革從九品顧功亮請開復原官仍留山（守东）
東歸候補班補用
河標署中營副將右營遊擊崔双貴請交部議

優議敘

河標署左營叅將城守營都司孫延畧

河標署右營遊擊中營都司周貞元

以上二員均請加遊擊銜

藍翎儘先守備左營千總謝繼安

藍翎儘先守備中營千總王鳳標

以上二員均請加都司銜

奏陞城守營守備右營千總樊成傑

護理中營都司千總榮士俊

城守營千總陳殿英

右營千總王士樑

中營把總鄭德興

右營經制种寶齡
以上六弁均請
賞戴藍翎
左營千總艾鳳岐
藍翎五品銜中營把總時功喬
以上二弁均請以守備用

右營額外外委閻永清請以把總儘先拔補
中營經制外委滎保慶
右營經制外委徐安邦
中營記名外委王自彭
城守營額外外委孔憲粟
左營記名外委王玉良叚佑成

右營記名外委王大勳

以上七名均請

賞戴六品翎頂

濟寗團總義首

候選道孔昭舉請加運使銜

候選同知楊嘉淦請加運同銜

候選內閣中書孫為墫請以侍讀用先換項戴 出力

候補州同王學樹請以同知用

五品銜附生李聯堉請改作員外郎銜 出名

同知銜分發河南候補通判李育澄請加運同 出木

銜

即選縣丞戴原濤請加五品銜

舉人王允善請以內閣中書用
副貢生楊泰齡請以州判用
五品頂戴指分陝西試用知縣車毓祺請俟到
省後歸候補班酌量補用
從九品職銜馬兆麒
候補兵馬司吏目劉廷杰

以上二名均請

賞戴六品翎頂

從九品職銜楊耀堂請以從九品不論双单月

選用

增生魏志厚魏崇敬

廩生李奉璋董芳甸方臨莊

附生馮日麒孟錫鴻孫寶厚
附貢生高雲鴻
以上九名均請以復設訓導儘先選用
廩生陳慶泰
附生林其愚張德敏李磊陳寶尚允中夏向宸
趙芳馨徐元泰徐元烋

以上十名均請以訓導選用

翰林院待詔職銜張沂請加六品銜

監生王承平請以從九品不論双單月即選

奏為徵臣署理河南巡撫任內繕本銜名錯誤謹
自行檢舉恭懇
天恩交部加等嚴議仰祈
聖鑒事竊臣於本年正月初二日據河工進本承差
回稱聞得臣於署撫任內所進元旦賀本銜內

誤寫部堂部院字樣畢
硃批交部嚴加議處臣 聞信之下惶悚難名飭查歷
來
題本臣 皆親自恭閱底稿飭繕後派科甲出身官
數員將已繕之本詳加校對即行敬謹拜發呈
遞原因公事紛繁恐一已精神不能周到致有

不檢之處以為經過數人之目自可無訛其前
後官銜則底稿向俱從省寫全銜二字亦以為
繕本之吏辦理諳習當無舛錯不料此次本內
竟至荒謬如斯臣實粗心咎無可逭因思臣署
理豫撫于月之凶與（任內一切）
題本章共八十件難保不俱似此誤寫當傳書吏

詰問均稱實係一律錯誤臣　伏思

君父之前理宜如何敬謹似此實出情理之外愆尤

粗疎愆尤叢集積

叢集業經拜發追悔無從清夜捫心跼天蹐地

惟有籲請

皇上飭部將臣　加等嚴議以昭懲警所有微臣　署撫

任內繕本一律錯誤之處理合自行檢舉恭摺

陳明伏祈
聖鑒不勝惶恐戰慄之至謹
奏

奏為查明咸豐十年十月分各湖存水尺寸謹繕
清单仰祈
聖鑒事窃照嘉慶十九年六月内欽奉
上諭湖水所収尺寸每月查開清单具奏一次等因欽
此所有九月分湖水尺寸業経臣繕单具

奏在案茲據運河道敬和將十月分各湖存水尺
寸開摺稟報前来臣查微山湖定誌收水在一
丈四尺以内因豐工漫水灌注量驗湖底積受
新淤恐不敷濟運經前河臣李　會同前撫臣
崇　奏奉
上諭加收一尺以誌樁存水一丈五尺為度十年九

月分存水一丈四尺六寸十月内水無消長較
九年十月水大二尺二寸此外南旺馬踏二湖
水無消長其昭陽等五湖消水自一寸三分至
五寸計昭陽湖存水四尺南陽湖存水二尺八
寸南旺湖存水五尺九寸六分獨山湖存水五
尺五寸馬場湖存水五尺五分蜀山湖存水八

尺五寸馬踏湖存水一尺二寸七分以上各湖
存水除南旺馬場蜀山三湖比九年十月水大
四寸二分及一尺一寸五分並六分外餘俱較
小自二寸至三尺九寸三分不等查北路蜀山
馬踏等湖先經放水入運攔禦捻匪嗣因南来
吉林黑龍江兵船行至汶汎淺阻經帶兵官知

會酌啓單閘土埧宣濬以致節次消耗存水短
絀幸上冬瑞雪普霑土脉滋潤現已春令雪融
凍解泉源旺發滙注各湖可冀逐漸增益臣惟
當嚴飭道廳妥慎料理不任稍有怠忽以仰副
聖主重瀦衛民之至意所有咸豐十年十月分各湖
存水尺寸謹繕清單恭摺具

奏伏乞

皇上聖鑒謹

奏

咸豐十一年正月初八日具

奏於二月初五日奉到

硃批知道了欽此

謹将咸豐十年十月分各湖存水寔在尺寸逐

一開明恭呈

御覽

運河西岸自南而北四湖水深尺寸

一微山湖以誌樁水深一丈二尺為度先因湖

底淤墊三尺不敷濟運奏明収符定誌在一

丈四尺以内又因豐工漫水灌注量驗湖底
復受新淤二尺七寸奏奉
上諭加収一尺以誌椿存水一丈五尺為度本十年九
月分存水一丈四尺六寸十月内水無消長
仍存水一丈四尺六寸較九年十月水大二
尺二寸

一昭陽湖~~本~~十年九月分存水四尺二寸十月內消水二寸寔存水四尺較九年十月水小八寸

一南陽湖~~本~~十年九月分存水三尺十月內消水二寸寔存水二尺八寸較九年十月水小六寸

一南旺湖本年九月分存水五尺九寸六分十月内水無消長仍存水五尺九寸六分較九年十月水大四寸二分

運河東岸自南而北四湖水深尺寸

一獨山湖本年九月分存水五尺七寸十月内消水二寸寔存水五尺五寸較九年十月水

小二寸
一馬場湖十年九月分存水五尺一寸八分十
月内消水一寸三分寔存水五尺五分較九
年十月水大一尺一寸五分
一蜀山湖定誌收水一丈一尺為度十年九月
分存水九尺十月内消水五寸寔存水八尺

五寸較九年十月水大六分

一馬踏湖本十年九月分存水一尺二寸七分十月內水無消長仍存水一尺二寸七分較九年十月水小三尺九寸三分

奏為統籌豫省地方情形須將河工寔力修防以
保工游完善各州縣而重財賦餉需恭摺瀝陳
仰祈
聖鑒事竊照豫東黄河與地方相為表裏每年修防
隄岸專為保衛田廬以收賦稅從前偶值水勢

異漲致有漫口被水之處不獨錢漕蠲緩且多
賑卹之資是以當時即請籌撥款項集資興築
尅日合龍挽黃歸故惜民命亦所以重財賦也
自咸豐五年蘭陽北岸漫溢以後因軍需浩繁
難以籌款興築迄今緩堵幸黃水由東省張秋
穿運走大清河歸海豫境被淹處所尚少而歸

陳二府所屬各縣連年為皖捻蹂躪停緩蠲免
錢漕村鎮已多專賴西北完善各州縣征收地
丁以供餉需臣於前年夏間到任之始即体察
通省情形知修防上游七廳黄河堤埽不但為
直省藩籬天險可守以杜捻匪北竄且保衛西
北完善之區寔為至緊至要是以每遇水長工

險難司庫錢糧未能按時撥發臣均力勸道廳
多方設法挪措湊用不准坐視貽悞始得兩經
伏秋大汛保護安瀾現查各道廳挪墊之款司
庫尚未撥還寔已筋疲力盡無處再行措借以
致辛酉年歲料至今尚未設廠採購司庫應發
料價屢催不撥轉瞬桃汛經臨何以堵禦查上

冬豫東山陝積雪較厚本年汛漲必旺若置河
工於不問一經長水通工無料無錢塌埽潰隄
憑何廂辦設有疎虞似未能以赤手空拳徑責
河員修防之不力即仍將 臣 與道廳治以應得
之罪於大局已不能補救蓋河北三府屬及西
南各州縣均為賦重之處係全省精華一被水

淹則賦無所出餉從何撥并慮災黎無業勾結
捻匪滋事遍地成賊則豫中情景固不可問即
連界之直隸山陝亦屬可虞此臣日夜焦灼寢
饋難安者也復查近年豫省河工歲搶修另案
各工雖每年報銷銀八九十萬兩上下按七鈔
三銀而計除寶鈔價值過賤無濟工用外祗須

撥司庫寔銀二十餘萬兩分給有河七廳每廳
牽計祇可領銀三萬餘兩較之從前每廳領銀
十萬八萬者僅有三分之一而額辦修防料麻
積土磚石以及夫工等項不能短少民間出售
料物非但價未能減每遇搶險待料之時轉多
居奇抬價是領三分之錢粮須辦十分之料物

修工寔形竭蹶若每年并此寔領之二十餘萬
司庫尚不按時撥給其修防之必貽悞已屬顯
而易見其貽悞後之被淹州縣蠲緩錢漕每年
不止二十餘萬亦顯而易見且興堵無期後患
無窮餉需益形短絀孰輕孰重尤宜統籌 臣若
再緘默因循不據寔瀝陳上無以對

君父下無以對億萬生靈臣罪更難稍逭再四思維
惟有籲懇
天恩俯念河防攸關大局
勅下新任河南撫臣嚴　與藩司邊浴禮熟商自
本年上忙為始每月征收各州縣地丁錢粮議
明幾成報解京餉幾成分解各處軍需幾成撥

給河工并趕籌司庫收項搭用寶鈔以期價〻
抬高稍資補苴一面將本年料價速撥由道轉
發各廳採購庶工儲有備趁早修防不致坐以
待險異保安瀾臣不勝惶悚急切待
命之至為此恭摺具
奏伏乞

皇上聖鑒訓示謹

奏

咸豐十一年二月初二日具

奏於三月初六日奉到

硃批户部速議具奏欽此

再查東河料價、每垛例給銀七十兩、從前係領
寔銀除扣六兩平、及部飯等項之外、可易制錢
八九十千文、於秋後新料登場、冬令採購、尚能
有餘、如遲至春間收買、業已不足、若遇大汛搶
險、隨買隨用、料戶居奇抬價、每垛需錢二百千
上下、當緊急之際、甚至用錢三百千、方能購料

一垛、廳員力不能賠墊、當時已須通融辦理、自改用七鈔三銀以來、因鈔價過賤、不能計數外、每垛僅領寔銀二十一兩、以數垛之價、方能辦一垛之料、況各廳工段延長、溜勢趨向靡定、料物儲於隄頂、距臨黃埽工、自一二里至一二十里不等、埽段每經刷蟄搶廂、必須用夫拆運上

埽、運脚所不能少、兵夫痡工、未能枵腹從事、應
日給飯食、以及夜間搶險、須用油燭、堆儲麻柍
襍料、應蓋廠房、汛及壓埽跑筐買土等項、雖皆係必不
可少之需、要俱係不准開銷之款、無一不待司撥
籌備、凡此情形、久在
聖明洞鑒之中、現值度支緊迫、

宵旰焦勞、臣受
恩深重、河工錢糧、宜如何力求減省、節一分經費、即
盡一分職守、但祇能杜其虛糜、未能省其寔用、
且近年用款、較之從前所省現銀已多、正摺瀝
陳寔為
國家計為河南地方計非為河工計務懇

俯察下情
准如所請則豫省上游黎庶蒙
福不淺合再附片具陳謹
奏
咸豐十一年二月初二日具附
奏於三月初六日奉到

硃批覽欽此

再臣前接部咨議准咸豐九年分東河用銀總数摺内聲明找撥不敷銀兩前經户部議令勸捐歸補仍令督飭開歸河北二道赶緊設法勸捐俾資工用不得因一時上兑無人遂坐待司庫籌發等因遵查豫省南北兩岸各廳每年額辦料物磚石及另案土工除循案

奏撥外其不敷之欵及伏秋大汛搶辦險要各工
所需錢粮皆以道庫存項墊發奏送清單後即
由司陸續撥還周而復始以資輪轉自咸豐三
年軍興以後司庫因迫於軍餉籌撥為難遂致
歲有積欠猶賴捐輸踴躍劃抵司撥藉可彌補
計豫省開歸河北二道自咸豐三年十二月開

捐起至八年共奏報十次內八九十三次收捐
數目業已大不如前嗣因各省捐例頻開兼之
豫中疊被捻匪蹂躪地方漸形凋敝招徠更屬
不易而八年春間復准部文河工收捐改為七
銀三鈔 臣到任時檢查舊案已逾一年無人上
兌迄今又近兩載有餘多方勸諭並無過問者蓋

本省捐輸餉票其間贏絀大相懸殊捐生孰肯
舍少就多是河工捐例雖未停止究與停止無
異常年工用除例撥奏撥外動支不敷皆由道
廳向富商舖戶多方稱貸各料戶紛紛賒欠當
波撼隄危工程萬緊不得不悉索以應圖全大
局緣當多事之秋設有疎虞不特賑撫蠲緩十

倍於茲並恐更累億萬灾黎流離轉徙無以自
存聚而為盜大局更不堪設想且南岸失事天
險無憑髮逆搶匪勢必蜂擁北竄關係尤為重
大故凡責任修防何敢不知緩急不計利害稍
存泄視此項找撥不敷委係辦料搶險動用歷
由司庫撥發還款藉資輪墊今節奉部議責以

動支捐輸而捐輸迄無上兑之人藩司又因有

動支捐輸之文不便撥發各富户見司庫不撥

款無可指復不願挪貸幾有束手之虞（勸）以捐（所以今年歲料價各廳尚未撥各廳不能挪墊）

（現尚未報開廠）

輸司撥本屬並行即可勸捐亦不能全指捐項

以抵工用如四五六七等年另案找撥不敷皆

奉准由司撥發而所收捐項未嘗絲毫不抵司

欵均經洛部有案在户部總處有碍京餉軍需其實河工撥欵僅止三銀七鈔並非全撥現銀折寔計之為数無多且司庫亦不能掃数全撥不過有准撥之文則各廳可以責成賠貸近年各廳情形迥非昔比從前河工係全用寔銀每兩可易制錢二千餘文核之例津二價辦理裕

如今則三銀七鈔而銀價每兩僅易制錢一千
三四百文實鈔則每串僅易制錢二三十文尚
無受主辦工已屬拮据萬分若動用不敷之款
再責以無着之捐則此後倍難措手貽悞非輕
所有此項找撥不敷仍請照例由司按照新章
三銀七鈔陸續撥發以清積墊俾可轉移理合

附片具
奏伏乞
聖鑒訓示謹
奏
咸豐十一年二月初二日附
奏於三月初六日奉到

硃批户部一併速議欽此

户部片

再河工不敷銀兩據河臣黃　片稱自咸豐三

年軍興以後司庫歲有積欠猶賴捐輸踴躍藉

可彌補嗣因部議改為七銀三鈔迄今無過問

者向年工用除例撥奏撥外動支不敷皆由道

廳向富商舖户多方那貸歷由司庫撥發還款

藉資輸墊今節奉部議責以動支捐輸而捐輸迄無上兑之人藩司又因有動支捐輸之文不便撥發各當户見司庫不撥款無可指不願那貸所以今年歲料現尚未報開廠窃以河工撥款僅止三銀七鈔並非全撥寔銀且司庫亦不能掃數全撥不過有准撥之文則各廳可以責成

賒貸仍請照例由司陸續撥發等因奉
硃批戶部一併速議欽此臣等查豫省近年奏銷清
冊每年撥解河工銀或四十萬兩及六十萬兩
不等內有乙卯丙辰等年搶修備防等項名目
是找撥不敷之數即在其中且近日奏呈清單
止欠河工銀一百二十餘萬兩若未將不敷銀

兩分年找撥所欠何止此數終緣司庫拮据新
撥既不能全解舊欠又不能早清那新補舊勢
所必然應令河南藩司嗣後撥解河工銀兩務
當分別本年某欵項下撥銀若干舊欠某欵項
下找撥若干以免牽混合併附片
奏

聞咸豐十一年二月三十日發報三月初三日奉

旨依議欽此

奏為微臣積病未痊籲懇
天恩賞假一個月調理仰祈
聖鑒事竊臣雖素患怔忡尚能耐勞自咸豐九年三
月蒙
恩補授河東河道總督防河緊要無間寒暑長駐豫

省河干九年中河廳險工迭出臣督率道廳營
汛晝夜搶廂露處隄岸往來巡查歷時三月之
久積受潮溼兩骽酸痛上年春夏間天氣乾燥
汴省時疫盛行臣親丁於七日內連傷四口臣
亦沾染此症頭重目眩精神頓形委頓其時正
值伏汛將屆且上南廳險工又出修守喫緊因

即帶病駐工督飭修防業於上年五月附片陳
明奏
硃批覽欽此迨霜清後赶緊醫治又聞南北軍情棘
手憤懣焦灼肝火上升屢醫未愈正擬乞
恩賞假調理復奉
命兼署河南巡撫印務因思新任撫臣嚴樹森自鄂

來豫為日無几又復力疾督同司道暫理地方
事宜目睹司庫空虛軍餉工需萬分拮据無米
為炊以致夜不能眠飲食頓減及冬秋交卸回
工急檢舊方接連服藥迄今數旬病總未除據
加以入節交春令肝木正旺怔忡增劇
醫云肝虛血枯寒溼內伏非息心靜攝難以奏
效 臣伏念此時大汛未臨黃運兩河公事較簡

自揣尚可力疾〔支持〕照常辦理至北岸防河〔臣已分別檄行河北鎮道小心防堵〕有大名
道聯捷不時來豫巡查勤慎嚴密可以放心謹
不揣冒昧籲懇
天恩俯准賞假一個月俾得安心調理以冀速痊為
此恭摺奏請伏乞
皇上聖鑒謹

奏

咸豐十一年二月初二日具

奏於三月初六日奉到

硃批另有旨欽此同日奉

上諭一道咸豐十一年二月十四日内閣奉

上諭黄

奏因病懇請賞假一摺河東河道總督

黃

著賞假一箇月調理欽此

再臣於上年七月二十二日奏蘭儀以下乾河
各廳請飭令會同地方官丈量灘地開墾招種
升科以裨經費並以營弁改作操防而重地方
一摺當奉
硃批該部妥議具奏欽此迄今已逾半載尚未奉到
部議臣思現在餉需拮据已極如能議行不但

修防改作操防目前藉以堵逆捻之北竄而練
成勁旅亦可備將來干城之選且於經費不無
小少補如部議竟不能行則當此庫帑空虛之時
雖不消銷錢糧所省儘無多而
乾河各廳應請一律裁撤以節靡費理合附片
自應力求撙節仍
請
旨飭部速議伏乞

聖鑒謹

奏

咸豐十一年二月初二日附

奏於三月初六日奉到

硃批該部知道欽此

爲具奏事咸豐十一年三月二十四日准
戶部咨河南司案呈所有前事等因相應抄單
飛咨河東河道總督遵照可也粘單內開
戶部謹
奏爲遵
旨速議具奏事由軍機處交出河東河道總督黃

奏統籌豫省地方情形須將河工寔力修防防以保上游完善各州縣丙重財賦一摺咸豐十一年二月十四日奉

硃批户部速議具奏欽此欽遵交出到部查原奏內稱豫東黃河與地方相為表裏每年修防堤岸專為保衛田廬以收賦稅自咸豐五年蘭陽北岸

漫溢以後因軍需浩繁難以籌款堵築幸黃水
由東省張秋穿運走大清河歸海豫境被淹處
所尚少而歸陳二府所屬各州縣連年爲皖捻
蹂躪停緩蠲免錢漕村鎮已多專賴西北完善
各州縣徵收地丁以供餉需臣到任之始即知
修防上游七廳黃河堤埽不但爲直省藩籬且

保衛西北完善之處寔爲緊要是以每遇水長
工險雖司庫錢粮未能按時撥發臣均力勸道
廳多方設措始得保護安瀾現查道廳挪墊之
欵司庫尚未撥還無處再行措借以致辛酉年
歲料至今尚未設廠採購司庫應發料價屢催不
撥轉瞬桃汎經臨何以堵禦復查近年豫省河

工搶修各工雖每年報銷銀八九十萬兩上下
按七鈔三銀兩計除寶鈔價值過賤無濟工用
外祇須撥司庫寔銀二十餘萬兩分給有河七
廳若每年并此寔領之二十餘萬兩司庫不按
時撥給其修防之必貽悞已屬顯而易見惟有
籲懇

天恩俯念河防攸關大局

勅下新任河南撫臣嚴　與藩司邉　熟商自本

年上忙為始每月徵收各州縣地丁錢粮議明

幾成報解京餉幾成分解各處軍需幾成撥給

河工并將本年料價速撥趁早修防等語臣等

查東河工需每年報銷銀八十萬兩上下去歲

河臣黃　曾因道庫無力墊辦奏請由司籌
撥奉
上諭仍由道庫墊辦所請咨司籌撥之處著不准行欽
此伏思黃河為直省藩籬所關原重祗以河南
撥款京餉為要協餉次之河工餉又次之故令
司庫先其所急然後以餘力協濟工需今據該

河臣奏稱道庫墊辦之款司庫尚未撥還本年
應發料價屢催不撥以致辛酉年歲料迄今尚
未採購果爾則開歸河北二道所司何事上游
七廳各員又所司何事現值桃汛經臨及今採
購已恐緩不濟急設有疎虞誰執其咎即謂道
庫無款可籌兩各河廳採辦歲料之時正該河

督攝篆撫臣之日早應設法辦理開廠採購乃
延緩以至於今尚未購料備防該河廳向來玩
泄公務已可概見臣等復查豫省歷年奏銷清
冊七年解過河工銀三十七萬餘兩八年解過
銀六十餘萬兩九年解過銀三十九萬餘兩十
年奏銷未到想亦不相上下以鈔七銀三計之

每年寔銀總逾十萬兩之數寶鈔價值雖賤而行
之民間可以搭解錢粮即與寔銀無異如果各
河廳認真購料撙節動支現在止有上游七廳
縱無捐輸亦敷本年修防之用無如河廳員弁
積習相沿發銀則折扣多方辦料則草率塞責
每歲撥款不敷未必不由於此此等惡習固不

始於今日當此籌款維艱之際不可不嚴行禁
革以節經費應請
旨飭令河東河道總督務當破除情面勿稍姑容并令
嚴飭該道廳赶緊設法修防不得藉口料價未
到坐視貽誤至所請司庫毋年撥解幾成到工
之處應由該河督自行咨商撫臣通融籌劃妥

議具奏再由臣部核辦是否有當伏乞
皇上聖鑒謹
奏咸豐十一年二月三十日發報三月初三日奉
旨依議欽此

再查東河料價、每垛例給銀七十兩、從前係領寔銀除扣六兩平、及部飯等項之外、可易制錢八九十千文、於秋後新料登塲、冬令採購、尚能有餘、如遲至春間收買、業已不足、若遇大汛搶險、隨買隨用、料戶居奇抬價、每垛需錢二百千上下、當緊急之際、甚至用錢三百千、方能購料

奏為請添辛酉年上游各廳防料磚石俾裕工需
兩資修守並照案查明用存稭垛扣抵減辦核
銀劃還司庫以歸撙節恭摺具
奏仰祈
聖鑒事竊照黃河兩岸豫省各廳向於額辦歲料外

添辦備防稭二千垛東省曹河曹單二廳添辦
備防稭五百垛均於霜前請銀發辦自道光十
一年為始應將各廳用存稭垛查明抵作防料
扣銀劃還司庫改為霜後具奏並經前河臣吳
邦慶於道光十二年酌改章程將此項銀兩四
成辦稭六成辦石嗣因各廳情形不同或請全

數辦磚或酌分改辦磚石歷經
奏准在案伏查黄河修守稭石磚三項同為要需
欲期工堅必先料足其臨黄埽段當水長着險
之時固賴稭麻廂修而碎石拋護埽壩磚塊拋
壩挑溜均為保隄衛民缺一不可衹因經費支
絀應辦磚石未敢另請錢粮向於例添防料項

下通融分成採購㢘各有儲備而免貽悞現在
下游各廳工雖停修而豫省上游有河七廳埽
垻林立險要工段延長其防料磚石仍應循例
分別抵減添辦俾裕工需臣先經督飭各道廳
詳勘河勢之趨向工程之緩急以定應儲防料
磚石之多寡並查明用存牾槩核銀劃還司庫

以歸擣節茲據署開歸道王憲詳稱南岸七廳
向係分辦備防稭一千二百架除下游四廳舊
贉稭一百二十三架上游三廳上年用贉稭七
十六架共一百九十九架值銀一萬三千九百
三十兩扣抵减辦並下游四廳河流未復再減
辦稭五百架值銀三萬五千兩外實請二成辦

稭一百垛二分該例幇價銀七千一十四兩二
成改稭辦磚銀七千一十四兩六成改稭辦石
銀二萬一千四十二兩前任河北道張維翰詳
稱北岸五廳向係分辦備防稭八百垛除上游
四廳上年用賸稭九十垛值銀六千三百兩扣
抵減辦並曾考一廳工程停修再減辦稭一百

三十五槩值銀九千四百五十兩外實請四成
辦稭二百三十槩該例幫價銀一萬六千一百
兩二成改稭辦磚銀八千五十兩四成改稭辦
石銀一萬六千一百兩　臣　逐加覆核俱屬應行
添辦業將上年用賸之槩扣抵並停修各廳之
稭減辦未能再減且河工用欵現係三銀七鈔

應撥司庫寔銀無多仰懇

天恩俯念上游兩河岸防實為保衛完善各州縣以重

賦稅餉需并藉黃河為天險攔阻捻氛未能北

竄關繫至為重大照數准添俾資修守恭候

命下臣即移咨撫臣並行藩司迅速籌款撥交開歸

河北二道轉發各廳俟歲稭辦竣接手分投赶

賠防料磚塊其碎石一項仍由廳自雇船隻編
列字號派弁赴山採運統限伏汛前辦齊由道
先行驗收報候
臣
按工覆驗倘有遲延短少以
及堆垛虛鬆情弊立即指名參賠不敢稍事姑
容以重工儲而資備防所有請添上游各廳防
料磚石並查明用存稭垛扣抵減辦核銀劃還

司庫以歸撙節緣由謹會同河南撫臣嚴

恭摺具

奏伏乞

皇上聖鑒訓示謹

奏

咸豐十一年三月初二日具

奏於四月初五日奉到
硃批依議欽此

再黃河修守以石護埽以埽護堤要以土工為
根本是以從前每歲擇要估修堤壩最為急務
向係專案
奏撥銀兩辦理近年因司庫迫於軍餉度支不易
上游兩岸修防經費當水長工險塌埽潰隄要
危繫於呼吸之時立須搶廂拋護料麻磚石夫

工均不能短少以免貽悞外其土工一項可以
從緩者自應得省且省節經前河臣及臣於每年春
間及臣附片
奏明不必預先估計俟大汛期内察看何處緊要
而於何處那築由道庫籌墊方價搶辦至白露後驗
明做過工段丈尺將銀土細数分晰具

奏撥發司庫銀兩還款在案惟查有河各廳隄埝
埧戧因多年未修現俱殘缺卑矮臨黃之處尤
甚按實在情形必須大加增培方能鞏固然非
數萬金所能修辦司庫錢粮尚形支絀何敢專
案請銀臣與各該道熟商祇可仍照歷年辦法
於伏秋汛內察看河勢之趋向大溜之緩急如

實有必不可緩之工方准臨時搶築俟白露後
驗明做過工段長丈尺再將銀土細數具
奏以期核實而歸撙節理合附片陳明伏乞
聖鑒謹
奏
咸豐十一年三月初二日附

奏於四月初五日奉到

硃批知道了欽此

再查黃運兩河辦過工程錢粮清单等件向係
本年奏報近因河 臣長年駐豫省霜清後書吏
祇留數名在工餘俱飭令回署辦仍以節經費兼以
上年九月間皖捻闖攻濟甯州書吏間多被其
戕害一時募充明白辦公之人不易而此案冊
頁繁多限內實係繕辦不及經 臣 附片查照歷

屆舊案奏請展至正二月彙

奏在案茲查正二月內逆捻屢竄曹濟東境道路

梗塞所有庚申年黃運各道辦過土埽磚石丈

尺細數動用錢粮清单以及找撥不敷等件均

係濟署繕寫寄工核辦包封稽延以致展限期

滿內仍未能依限趕辦應請續展至三月彙

奏俾可從容勾稽以免舛錯理合附片陳明伏乞

聖鑒謹

奏

咸豐十一年三月初二日附

奏於四月初五日奉到

硃批着照所請欽此

奏為查明咸豐十年十一月分各湖存水尺寸謹
繕清单仰祈
聖鑒事窃照嘉慶十九年六月内欽奉
上諭湖水所收尺寸每月查開清单具奏一次等因欽
此所有上年十月分湖水尺寸業經臣繕单具

奏在案茲據運河道敬和將十一月分各湖存水
尺寸開摺稟報前來臣查微山湖定誌収水在
一丈四尺以内因豐工漫水灌注量驗湖底積
受新淤恐不敷濟運經前河臣李　會同前撫
臣崇　奏奉
上諭加収一尺以誌樁存水一丈五尺為度上年十

月分存水一丈四尺六寸十一月內消水三寸
實存水一丈四尺三寸較九年十一月水大一
尺九寸此外除盼陽南陽馬場三湖水無消長
外其南旺獨山蜀山馬踏等四湖消水自二寸
至八寸一分計盼陽湖存水四尺南陽湖存水
二尺八寸南旺湖存水五尺六寸獨山湖存水

五尺三寸馬塲湖存水五尺五分蜀山湖存水
七尺七寸馬踏湖存水四寸六分以上各湖存
水除南旺馬塲二湖比九年十一月水大八分
及一尺一寸五分外餘俱較小自二寸至四尺
七寸四分不等查南路微山湖水勢現尚充足
惟北路蜀山馬踏二湖因十一月間睆捻竄至

羊山一帶恐由鉅嘉汶上東平等處搶渡運河北竄當將寺前新口二閘板塊封閉啟除蜀馬二湖出水各单閘之板灌注運河憑水為險北岸安設防兵藉資攙禦現在東境捻匪尚未肅清仍須宣水攔截并有民間私挖堤埧斷絕賊踪勢難禁止幸春暖凍解地氣上升積雪融化

泉源滙注河湖可期逐漸增益一俟逆捻遠颺
臣當飛飭道廳將各湖單閘嚴閉其民人所宅
缺口督令星夜堵築完固以資攔蓄不任稍有
虛耗以仰副
聖主重瀦衛民之至意所有咸豐十年十一月分各
湖存水尺寸謹繕清單恭摺具

奏伏乞

皇上聖鑒謹

奏

咸豐十一年三月初二日具

奏於四月初五日奉到

硃批知道了欽此

謹將咸豐十年十一月分各湖存水寔在尺寸

逐一開明恭呈

御覽

運河西岸自南而北四湖水深尺寸

一微山湖以誌樁水深一丈二尺為度先因湖

底淤墊三尺不敷濟運奏明收符定誌在一

丈四尺以内又因豐工漫水灌注量驗湖底
復受新淤二尺七寸奏奉
上諭加收一尺以誌椿存水一丈五尺為度本年十
月分存水一丈四尺六寸十一月内消水三
寸寔存水一丈四尺三寸較九年十一月水
大一尺九寸

一昭陽湖上本年十月分存水四尺十一月内水無消長仍存水四尺較九年十一月水小六寸

一南陽湖上本年十月分存水二尺八寸十一月内水無消長仍存水二尺八寸較九年十一月水小四寸

一南旺湖本上年十月分存水五尺九寸六分十
一月內消水三寸六分寔存水五尺六寸較
九年十一月水大八分
運河東岸自南而北四湖水深尺寸
一獨山湖本上年十月分存水五尺五寸十一月
內消水二寸寔存水五尺三寸較九年十一

月水小二寸
一馬場湖本年十月分存水五尺五分十一月
內水無消長仍存水五尺五分較九年十一
月水大一尺一寸五分
一蜀山湖定誌收水一丈一尺為度本年十月
分存水八尺五寸十一月內消水八寸寔存

水七尺七寸較九年十一月水小七寸五分
一馬踏湖本年十月分存水一尺二寸七分十
一月内消水八寸一分寔存水四寸六分較
九年十一月水小四尺七寸四分

奏為微臣病体調治漸痊恭摺
奏請銷假仰祈
聖鑒事竊臣前因久駐河干積受潮溼兩髎酸痛入
春以後怔忡舊病增劇業於二月初二日籲
恩賞假一月調理拜摺後又患鼻衄血流如注頭目

更覺昏眩精神更形恍惚臣深慮病勢淹纏不
堪任事連服涼藥兩日夜鼻衄始止月餘以來
日進滋補大劑心神漸次安定兩腿酸痛亦已
輕減臣年未六旬受
恩深重值此寇氛肆擾河防緊要何敢稍圖安逸茲
已假滿自宜勉強支持力疾辦公以圖報效計

現在距伏汛尚有三月再加醫治可冀照常巡
防除咨商撫臣嚴　迅催藩司籌撥料價督
飭各道廳赶緊購辦外理合恭摺
奏請銷假伏祈
皇上聖鑒謹
奏

咸豐十一年三月初二日具
奏於四月初五日奉到
硃批知道了欽此

再臣前因皖捻另股由通許縣境竄至朱仙鎮
汴城戒嚴逆氛逼近河干黃河渡口處處堪虞
北岸防堵尤關緊要臣不敢以業經請假稍存
推諉當即力疾移駐北岸荊隆工次督飭沿河
州縣渡口委員帶領練勇晝夜梭巡毋稍鬆懈
並將南岸船隻盡數提泊北岸激勵民團在於

專辦防河事宜務順廣道趾捷亦帶領弁
河岸要隘處所分段嚴密防堵該逆探知沿河
兵上下安插往來安插周安
有備無隙可乘遂由西南奔竄現在豫省濱河
地方賊蹤稍遠民情安靜謐足以仰慰
宸廑惟查奔竄西南之捻擄探尚未回巢臣仍嚴飭沿河
等處加意防範不令懈弛理合附片奏
聞伏乞

聖鑒謹

奏

咸豐十一年三月初二日附

奏於四月初五日奉到

硃批知道了欽此

奏為查明咸豐十年分豫東黃運兩河各廳辦過
另案土埽磚石各工段落銀數遵照舊章分繕
清单彙案恭摺具
奏仰祈
聖鑒事竊照道光十五年九月內接准部咨奏奉

上
諭嗣後每年彙奏清单務遵奏定限期無論奏咨各
案彙為一冊其比較上三年之数原從清单両出毋
庸分為兩事致滋歧異等因欽此所有咸豐十年分
豫東黄運兩河各廳辦過另案工程均經臣隨
時具
奏在案謹查照從前舊章將土埽磚石各工段落

丈尺細数分為四條開列於後

一另案磚埽工豫省南岸開歸道屬上南中河下南三廳磚埽工共十七案除防風埽工照例節省八束銀兩外共用銀四十一萬六千四百六十五兩四分六厘北岸河北道屬黄沁衛粮祥河下北四廳共用銀三十萬四千

七百三兩五錢五分三厘統計咸豐十年豫
省黄河上游七廳另案磚埽工共用銀七十
二萬一千一百六十八兩五錢九分九厘比
較咸豐九年分計少銀四萬三千九百五十
三兩六錢一分四厘比較咸豐八年分計少
銀二萬七千一百六十六兩九錢七分九厘

比較咸豐七年分計少銀一萬八千二百八
十二兩八錢八分三厘並將例價時價逐案
於单內比較
一另案增培土工豫省南岸開歸道屬中河一
廳共工十四段共用例津二價銀一萬一千
三百九十一兩七錢二分三厘比較咸豐九

年分豫省南岸上南中河下南三廳統用銀
數計多銀七千九十四兩一錢三分四厘比
較咸豐八年分上南中河二廳統用銀數計
多銀一千四百六十七兩一錢三分一厘比
較咸豐七年分豫省黃河五廳統用銀數計
少銀一十一兩一分五厘

一另案拋護碎石各工豫省南岸開歸道屬上
南中河下南三廳共三案共用石方銀三萬
四千七百一十兩九錢八分六厘北岸河北
道屬黃沁衛粮祥河下北四廳共四案共用
石方銀三萬七千五十九兩四錢二分二厘
統計咸豐十年豫省黃河上游七廳拋護碎

石工程共用銀七萬一千七百七十兩四錢
八厘比較咸豐九年分計少銀五千七百七
十三兩三錢九分一厘比較咸豐八年分計
少銀一萬二千六百九十八兩五錢四分七
厘比較咸豐七年分計多銀八百三十三兩
一錢八分九厘

一另案運河各 工東省運河道屬運泇捕上四
廳共奏辦十案共用銀八萬八千四百五十
七兩一錢五分三厘比較咸豐九年分計少
銀一千二百五十一兩八錢二分四厘比較
咸豐八年分計少銀一千九百一十五兩三
分四厘比較咸豐七年分計少銀六百九十

四兩二錢九厘

以上各工辦理情形俱詳原奏除究沂道屬未辦另案工程外茲據開歸河北運河三道各將動用料土磚石銀數做過工段丈尺先後分案造送印冊前來臣復加確核無浮理合分繕清單彙案恭摺具

奏伏乞

皇上聖鑒勅部存核施行再臣長駐豫省防河所有

冬春二季本衙門公事向於濟署核辦包封隨

時賫送工次由臣覆核繕發此案清单因正二

月內皖捻疊擾東境包封往來路阻繞道行走

未能迅速以致具奏較遲合併聲明謹

奏
咸豐十一年三月二十四日具
奏於四月十八日奉到
硃批該部知道单四件併發欽此

再運河每年咨辦工程所用銀数雖列入比較
向不奏送清单咸豐七年三月内接准部咨以
運河咨案每年動用銀兩比較单内僅有總数
無凴稽核行令於具奏清单時将咨案工程件
数另单分晰附奏並於估銷時将年分聲叙以
昭慎重而歸核寔等因當經轉飭遵辦在案茲

查咸豐十年分運河迦河捕河上河下河五廳
咨辦工程共用銀一萬三千六百三十四兩二
錢九分六厘據運河道敬和將各廳辦過工程
細數逐件彙造印冊詳送前來臣覆加確核無
浮理合另列一单附片具
奏伏乞

聖鑒勅部一併存核施行謹
奏
咸豐十一年三月二十四日附
奏於四月十八日奉到
硃批該部知道单併發欽此

奏為彙核咸豐十年分豫東黃運兩河各道屬奏
咨另案用銀總數比較上三年銀數循例繕具
清單恭摺奏祈
聖鑒事竊照嘉慶二十一年准工部咨開凡河道另
案工程無論題咨各案於三汛後將一年統用

銀數彙奏一次並將上三年另案所用銀數多
寡分晰比較以備查核等因奏奉
諭旨依議欽此嗣於道光八年十二月內准部咨奏奉
上諭嗣後彙奏單內除歲搶修定額外凡一年另案工
程俱入單內比較等因欽此歷年欽遵辦理旋於十
五年九月內復准部咨奏奉

上諭嗣後彙奏清單務遵奏定限期無論奏咨各案彙
為一冊其比較上三年之數原從清單而出毋庸分
為兩事致滋歧異等因欽此十七年二月內又准工
部咨奏奉
上諭嗣後無論動用何款着一律歸入比較各等因欽
此所有咸豐十年分黃運兩河另案奏辦各工

清單業經另摺彙案具
奏並將上三年所用銀數隨案聲明比較臣復查
黃運兩河除歲搶修不入比較外十年分豫省
黃河上游各廳奏辦另案土埽磚石各工共計
銀八十萬四千三百三十兩七錢二分比較咸
豐九年分少用銀四萬二千六百三十餘兩比

較八年分少用銀三萬八千三百九十餘兩比
較七年分少用銀一萬七千四百六十兩零運
河奏辦各工共計銀八萬八千四百五十七兩
一錢五分三厘比較咸豐九年分少用銀一千
二百五十餘兩比較八年分少用銀一千九百
十餘兩比較七年分少用銀六百九十餘兩其

各案工共用銀一萬三千六百三十四兩二錢九分六厘比較上三年少用銀八十餘兩及九十餘兩並一百兩零據豫省署開歸道王憲前任河北道張維翰東省運河道敬和造送各案銀數比較清冊前來臣逐加覆核無異謹將用銀總數分别比較彙繕清單恭摺具

奏伏乞
皇上聖鑒勅部存核施行謹
奏
咸豐十一年三月二十四日具
奏於四月十八日奉到
硃批該部知道欽单併發欽此

奏為確核豫省黃河南北兩岸上游各廳咸豐十
年另案搶辦磚埽工程動撥司庫銀款總數循
例恭摺具
奏仰祈
聖鑒事竊照豫省黃河兩岸每當伏秋大汛遇有搶

辦工程向於司庫動撥銀欵應用前於嘉慶十
年及二十一年節經各河臣撫臣議請每年先
於地丁項下提出銀三十萬兩以備險工之需
俟將次用完體察情形預為籌計應需添撥若
干會核具
奏一面行司提取備用各等因先後奏奉

諭旨允准飭遵其道庫所墊不數銀兩係霜後奏撥還
欵歷經遵辦在案查咸豐十年伏秋汛內黃河
来源長水既勤且旺上游兩岸各廳險工層見
疊出或塌埽潰堤或同時着險幾致搶辦不遑
臣
督飭各道廳並調下游乾河熟諳工程員弁
分投晝夜廂拋隨時添購料物接濟得將各工

修防平穩保護安瀾一切情形均經 臣 節次
奏明至所需錢粮因例撥銀三十萬兩不敷曾循
酌減之數
奏請添撥秋汎防險銀十萬兩接奉部議如實在
有險當防應咨商撫 臣 通融辦理當因秋水勁
利溜到之處舊險新工叠生岌岌可危即經咨

明撫臣並行藩司照數籌撥應用其料物不足
工未停廂處所適因司庫支絀仍先後飭令道
廳設法挪借湊辦得以應手無誤統由司庫核
計撥還所有南北兩岸各廳另案搶辦磚埽各
工經臣逐加覆核切實駁刪減准應銷銀數彙
案另摺奏送清單計豫省上游七廳共用銀七

十二萬一千一百六十八兩五錢九分九厘内
除動用咸豐九年存工稭值銀一萬二千六百
七十兩存工磚值銀六百八十六兩二錢三厘
又動用前任開歸道徐繼鏞及前署中河通判
高元莊分賠九年秋汛中河廳搶辦險工另案
核減銀一萬兩應於十年另案不敷銀内劃抵

計撥用司庫添辦防稭酌辦磚稭銀三萬七千四百七十七兩五錢一分一厘歲麻加價銀二萬七千三百六十兩又例撥添撥防險銀除發辦備防碎石銀三萬二千兩另歸石工案內造報外寔歸磚埽工用銀三十六萬八千兩共撥過司庫銀四十三萬二千八百三十七兩五錢

一分一厘現除南北兩岸上游各廳用存稭料
值銀一萬一千六百二十兩用存磚塊值銀二
百八十四兩六錢九分八厘有料磚存工外應
找撥不敷銀二十七萬六千八百七十九兩五
錢八分三厘以符奏案而清欠欵謹循例會同河南
撫臣嚴　恭摺具

奏伏乞

皇上聖鑒再查另案不敷銀兩向於核奏清單後由

司撥還道庫湊辦歲儲及節次搶辦要工之需

前數年因司庫未能全數撥還以致道庫空虛

無項支墊兩河防關係至重應請循案於司庫

仍按三銀七鈔赶緊籌款找撥俾可由道湊發

上游各廳儹辦辛酉年歲稭並備伏秋大汎搶
辦險工之用以免貽誤而重修守理合陳明謹
奏
咸豐十一年三月二十四日具
奏於四月十八日奉到
硃批知道了欽此

為確核事咸豐十一年九月初五日准
戶部咨河南司案呈所有前事等因相應抄單
移咨河東河道總督查照可也粘單內開
內閣抄出河東河道總督黄　奏豫省黄河
兩岸上游各廳咸豐十年分另案搶辦磚埽工
程動撥司庫銀款總數循例具奏一摺咸豐十

一年四月初五日奉
硃批知道了欽此欽遵抄出到部查原奏內稱豫省上
游七廳共用銀七十二萬一千一百六十八兩
五錢九分九厘內除動用咸豐九年存工稭值
銀一萬二千六百七十兩存工磚值銀六百八
十六兩二錢三厘又動用前任開歸道徐繼鏞

及前任中河通判高元莊分賠九年秋汎中河

廳搶辦險工另案核減銀一萬兩應於十年另

案不敷銀内劃抵計撥用司庫添辦防稭酌辦

磚稭銀三萬七千四百七十七兩五錢一分一

厘歲麻加價銀二萬七千三百六十兩又例撥

添撥防險銀除發辦備防碎石銀三萬二千兩

另歸石工案内造報外實歸磚埽工用銀三十
六萬八千兩共撥過司庫銀四十三萬二千八
百三十七兩五錢一分一厘現除南北兩岸上
游各廳用存稭料值銀一萬一千六百二十兩
用存磚塊值銀二百八十四兩六錢九分八厘
有料磚存工外應找撥不敷銀二十七萬六千

八百七十九兩五錢八分三厘以符奏案而清
欠欵等語本部查司庫例撥添撥防險既添辦
酌辦磚稭並動用上年存工磚稭值銀數目查
與原報銀數均屬相符至動用前任開歸道徐
繼鐈及前任中河通判高元莊分賠中河廳搶
險核減銀一萬兩聲明於另案不敷銀內劃抵

之處核與奏案應賠銀數亦屬符合應毋庸議
其咸豐十年用存稭料值銀一萬一千六百二
十兩又磚塊值銀二百八十四兩六錢九分八
厘應咨該河督轉飭存俟下年備用仍於原奏
内分晰聲明以便查核至應找撥不敷銀二十
七萬六千八百七十九兩五錢八分三厘應咨

河南巡撫轉飭俟各道找領之日即行遵照章
程在於藩庫發給清款並將動支銀款細數專
案報部查核可也

再案准戶部咨行令嗣後奏報動撥司庫銀款
摺內應將動用歷年舊存磚方銀數詳細聲明
以憑核對等因查
奏報咸豐九年動撥司庫銀款總數摺內陳明用
存磚塊值銀六百八十六兩二錢三厘內開歸
道屬用存磚塊值銀七十六兩七錢九分五厘

河北道屬用存磚塊值銀六百九兩四錢八厘

十年俱動用無存又附片

奏明豫省河北道屬用存道光二十年磚塊值銀

五千六百二十三兩八錢六分七厘仍存工未

用開歸道屬並無舊存磚塊以上用存磚值銀

數與上届原報數目相符理合附片具

奏伏乞
聖鑒敕部存核施行謹
奏
咸豐十一年三月二十四日附
奏於四月十八日奉到
硃批該部知道欽此

為片奏事咸豐十一年九月初五日准
户部咨河南司案呈所有前事等因相應抄單
移咨河東河道總督查照可也粘單内開
准山東司付送内閣抄出河東河道總督黃
片奏各年用存磚方值銀數目一摺咸豐十
一年四月初五日奉

硃批該部知道欽此欽遵抄出到部查原奏内稱咸豐
九年動撥司庫銀欵總数摺内陳明用存磚塊
值銀六百八十六兩二錢三厘内開歸道屬用
存磚塊值銀七十六兩七錢九分五厘河北道
屬用存磚塊值銀六百九兩四錢八厘十年俱
動用無存又河北道屬用存道光二十年磚塊

值銀五千六百二十三兩八錢六分七厘仍存
工未用開歸道屬並無舊存磚塊以上用存磚
值銀數與上屆原報数目相符等語本部核與
上年奏報用存磚值銀数相符應毋庸議所有
聲明河北道屬尚存未用道光二十年磚塊值
銀五千六百二十三兩八錢六分七厘因何日

久存工尚未動用應咨該河督轉飭查明聲覆仍存俟下年備用並於奏報摺內聲明查核可也

奏為黃河桃汛安瀾恭摺

奏報仰祈

聖鑒事竊照黃河修守桃伏秋凌四汛並重而桃汛

巡查最為要務緣溜勢趨向靡常有上年極險

之工次年可冀逐漸平緩者有向係無工處所

大溜趨注塌灘生險者有淤閉埽段被溜刷塌
亟須補廂者有新生之工恐廂埽多費應築土
壩拋護磚石挑禦者均須於春間勘准明形勢分
別購儲料物庶未雨綢繆有備可以無患臣雖
移駐北岸防河而各廳工程仍應不時周歷籌
防前於節屆清明已交桃汛即力疾督飭署開

歸道王憲河北道王榮第親歷兩岸挨廳確切
詳勘河勢較上年稍有不同各廳險工雖處處
皆有而以南岸之上南中河北岸之祥河尤為
險要蓋各該廳臨黃埽工片段延長大汛水長
或提或坐廂修每難停手全賴料物應用方免
貽悞況上冬豫省及山陝等處得雪多次深山

存積較厚一交夏令大雨時行加以積雪融化
滙流下注西水長發必旺是本年黃河修防倍
應慎重料麻磚石必須趕為購備無如各廳額
辦歲儲因司庫料價歲前既未曾撥發正二月
間又不能籌撥雖經臣疊札嚴催趕購而各廳
連年措墊之款業經不少現已力竭無處再行

挪借無米難以為炊以致設廠較遲日前司庫
撥到料價由道分發各廳始據次第具報設廠
收贖惟所撥之款分發七廳為數甚微尚須分
辦麻觔磚石仍恐遲悞臣當再與撫臣嚴
藩司邊浴禮熟商趁此上忙啓征之時趕緊寬
為籌撥苟能錢粮接濟得上分投採買各項料

物尚可以速補遲所慮者司庫應撥河工之款
未能寬發延至大汛水長工險料物不足夫工
無備不但臨時採購料戶居奇致滋虛費且恐
停工待項貽悞全局臣惟有在任一日盡一日
之心力至於各工能否修守無虞其權在於司
庫之撥項能否應手緣河工修防錢粮向恃司

庫為來源司庫不撥河臣及道廳寔無生財之
法然臣仍當詳察各廳情形苟有尚能挪項湊
墊者嚴催先行赶辦廂工次早堆一垛之料即
得一垛之益斷不任推諉因循以重工儲至兩
岸臨黃埽段經歷三冬間有蟄矮向應於春間
估廂用資抵禦汛漲現在雖據開歸河北二道

督飭各廳勘明擇要估計具稟均批令俟歲料
辦有成數驗收後方准動用興修以歸核寔而
免牵混計自二月二十六日節交清明至三月
十五日二十日桃汛已過因積凌融化滙注較
旺各廳先後報長水二三尺餘寸不等各工保
護平穩安瀾誌慶堪以仰慰

聖懷為此恭摺具
奏伏乞
皇上聖鑒謹
奏
咸豐十一年三月二十四日具
奏於四月十八日奉到
硃批知道了欽此

奏為查明咸豐十年十二月分各湖存水尺寸謹

繕清單恭摺仰祈

聖鑒事竊照嘉慶十九年六月内欽奉

上諭湖水所収尺寸每月查開清單具奏一次等因欽此

所有上年十一月分湖水尺寸業經臣繕單

奏報在案茲據運河道敬和將十二月分各湖存
水尺寸開摺具稟前來臣查微山湖定誌收水
在一丈四尺以內因豐工漫水灌注量驗湖底
積受新淤恐不敷濟運經前河臣李　會同前
山東撫臣崇　奏奉
上諭加收一尺以誌樁存水一丈五尺為度十年十

一月分存水一丈四尺三寸十二月內水無消長較九年十二月水大二尺此外除馬場一湖長水五分昭陽南陽馬踏三湖水無消長外其南旺獨山蜀山三湖消水二寸五分及一寸並四寸四分計昭陽湖存水四尺南陽湖存水二尺八寸南旺湖存水五尺三寸五分獨山湖存水

五尺二寸馬場湖存水五尺一寸蜀山湖存水七尺二寸六分馬踏湖存水四寸六分以上各湖存水除獨山一湖比九年十二月水勢相同馬場一湖水大一尺一寸外餘俱較小自一寸至四尺七寸四分不等查上冬瑞雪普霑土脉滋潤自春融冰泮以後泉源旺發滙注各湖應

見增益祇因南捻屢次竄擾東境不特窺伺濟
甯節將蜀山南旺二湖之水宣放入運並灌注
牛頭河憑水為險藉資防禦以致長不抵消現
已時屆立夏惟冀甘霖早沛湖水方能源源見
長臣當督飭道廳隨時廣籌收蓄妥慎料理不
任稍有貽悞以仰副

聖主重瀦衛民之至意所有十年十二月分各湖存

水尺寸謹繕清單恭摺具

奏伏乞

皇上聖鑒謹

奏

咸豐十一年三月二十四日具

奏於四月十八日奉到
硃批知道了欽此

謹将咸豐十年十二月分各湖存水實在尺寸
逐一開明恭呈
御覧
運河西岸自南而北四湖水深尺寸
一微山湖以誌樁水深一丈二尺為度先因湖
底淤墊三尺不敷濟運奏明収符定誌在一

丈四尺以內又因豐工漫水灌注量驗湖底
復受新淤二尺七寸奏奉
上諭加收一尺以誌樁存水一丈五尺為度十年十
一月分存水一丈四尺三寸十二月內水無
消長仍存水一丈四尺三寸較九年十二月
水大二尺

一昭陽湖十年十一月分存水四尺十二月內
水無消長仍存水四尺較九年十二月水小
三寸
一南陽湖十年十一月分存水二尺八寸十二
月內水無消長仍存水二尺八寸較九年十
二月水小一寸

一南旺湖十年十一月分存水五尺六寸十二月内消水二寸五分實存水五尺三寸五分較九年十二月水小一寸七分

運河東岸自南而北四湖水深尺寸

一獨山湖十年十一月分存水五尺三寸十二月内消水一寸實存水五尺二寸較九年十

二月水勢相同

一馬場湖十年十一月分存水五尺五分十二月内長水五分實存水五尺一寸較九年十二月水大一尺一寸

一蜀山湖定誌收水一丈一尺為度十年十一月分存水七尺七寸十二月内消水四寸四

分實存水七尺二寸六分較九年十二月水
小一尺一寸九分
一馬踏湖十年十一月分存水四寸六分十二
月內水無消長仍存水四寸六分較九年十
二月水小四尺七寸四分

奏為節屆夏至庚伏瞬交預籌備防大汛事宜並
各廳歲料辦有成數飭令接辦防料磚石以重
工儲恭摺具陳仰祈
聖鑒事竊照黃河修守最重伏秋兩料物錢粮必須
預為購備庶水長工險搶廂保護不致短缺貽

悞惟近年司庫料價未能按時撥發其找撥不
敷一項向由司庫撥還道庫藉以輪流湊墊者
亦未能籌撥以致道庫早空各廳無力再行挪
措墊辦是以辛酉年額辦歲稭年前均未能設
廠迨交新春直至三月中旬始有撥款雖為數
不寬當経 臣 與開歸河北二道嚴催各廳赶購

仍設法籌墊　臣　深恐遲悞修防復諄商撫　臣　嚴
藩司邊裕禮籌款至四月下旬始酌行量寬
撥立即確按各該廳承辦料物數目分發銀數
多寡飭令分投星夜採購以速補遲現據呈報
辦有六七八成不等間有已報堆齊者如伏前
司庫再能寬籌銀項撥發接濟總可辦足一面仍

接購防料磚石以重工儲備修守賴有把握其
增培堤埧土工現當経費難籌仍飭非至緊至
要之段不准估修至黃河來源尚未報長且底
水落枯 臣 詢訪在工年老弁兵僉云如春夏之
間黃水過小交伏後長水必大此係盈虛消長
之理況上冬西路雪澤亦多深山存積者盛暑

融化滙流下注勢所必然上游黃河為北直藩籬
非但攔禦皖捻并須保衛完善各州縣以重賦
稅而濟餉需關係寔非淺鮮惟險工較多錢粮
支絀時深焦慮臣惟有竭盡心力督屬修防所
可恃者署開歸道王憲河北道王榮第均能潔
已奉公核寔辦事凡有撥款無論多寡處處籌

備如防險錢文油燭器具等項雖係細事俱已
預先計及寔為 臣 指臂之助撫 臣 出省時亦知
河防攸關全局囑 臣 專事修守大汛期内河水
盛長之候搶辦險工錢粮斷不令掣肘自可保
衛無虞以冀仰慰
宸廑除將長水廂工情形隨時具

奏外所有節屆夏至預籌備防大汛事宜並各廳
歲料辦有成數緣由理合恭摺具陳伏乞
皇上聖鑒謹
奏咸豐十一年五月十四日具
奏於六月十八日奉到
硃批覽奏均悉欽此

再臣接准署漕運總督王　來咨以南河學
習京員戶部主事蕭彥中年壯才明講求吏治
歷經派委差使均能矢勤矢慎因南河奉裁奏
奏懇
天恩准將該員留於江蘇地方以同知直隸州補用
抑即飭令前赴東河俟學習期滿後由東河臣

察看核
奏之處恭候
欽定等因欽奉
硃批知道了蕭彥申著改發東河河工學習將來奏
留時加恩儘先補用欽此即令將經手未完事件
料理清楚給咨赴東并據户部主事蕭彥申呈報

於咸豐九年四月十六日到南河十年十一月二十一日奉文改發東河茲於本年四月二十七日到東河工次 臣 即接見察看該員安詳穩練詢以河工地方之事俱已明晰現屆夏至轉瞬大汛經臨 臣 當飭令該員先赴黃河兩岸閱歷東河工程形勢俟接算南河學習年月扣足

二年期滿再行照例出考具

奏合先附片陳明謹

奏

咸豐十一年五月十四日附

奏於六月十八日奉到

硃批前批儘先補用原因巳在南河學習今改發東河未免向隅若仍接算南河

學習月日寔覺過優著不准接算吏部知道欽此